码上学技术·绿色农业关键技术系列

茶叶
高质高效生产200题

张 磊 主编

中国农业出版社

北 京

图书在版编目（CIP）数据

茶叶高质高效生产 200 题 / 张磊主编. —北京：中
国农业出版社，2023.11
（码上学技术．绿色农业关键技术系列）
ISBN 978-7-109-31442-9

Ⅰ.①茶…　Ⅱ.①张…　Ⅲ.①茶树－栽培技术－问题
解答　Ⅳ.①S571.1-44

中国国家版本馆 CIP 数据核字（2023）第 210173 号

中国农业出版社出版
地址：北京市朝阳区麦子店街 18 号楼
邮编：100125
策划编辑：王琦瑢
责任编辑：李　瑜
版式设计：王　晨　责任校对：吴丽婷
印刷：北京通州皇家印刷厂
版次：2023 年 11 月第 1 版
印次：2023 年 11 月北京第 1 次印刷
发行：新华书店北京发行所
开本：880mm×1230mm　1/32
印张：5.5　插页：2
字数：167 千字
定价：28.50 元

编　委　会

主　　编　张　磊

副　主　编　吴志丹　刘丰静

参　　编（按姓氏拼音排序）

　　　　陈泉宾　李慧玲　梁子钧　王定锋

　　　　王让剑　杨如兴　俞　滢　张应根

　　　　赵翊暄

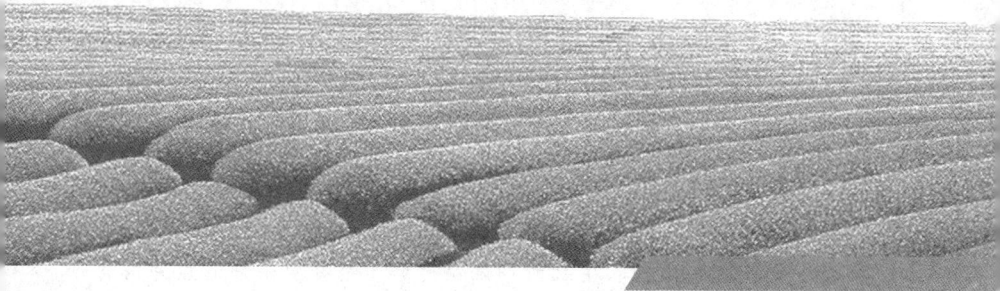

前 言

  茶产业是中国很多农村的传统支柱产业，是既促进农民增收、满足人民美好生活需要，又促进乡村振兴、传播中华优秀传统文化的重要产业。据中国茶叶流通协会统计，2022年全国茶园面积333.03万公顷，产量318.10万吨，产值3 180.68亿元，茶产业的从业人员超过7 000万人，正是"一片叶子，富了一方百姓"的真实写照。

  当前，中国茶产业遵循习近平总书记"茶文化、茶产业、茶科技"统筹发展嘱托，深入践行新发展理念，正处于奋力开创茶产业高质量发展新局面的关键时期。为更好发挥茶科技赋能茶产业，长期从事茶树品种与资源、茶树栽培、茶树病虫害防控、茶叶加工等科学研究与示范推广工作的一线科技人员立意编写此书，编者既有扎实的专业基础理论知识，又有丰富的指导一线生产的实践经验，这些理论与实践可以较好地满足不同茶区各茶类生产的技术需求。全书以图文及视频的形式，通俗易懂、形象生动地介绍了茶树品种与资源、茶叶生产管理措施、茶园肥料精准化施用、生态茶园建设、茶叶加工处理、茶树病虫害防治和茶叶标准化概述等内容，顺应了乡村振兴产业富民的技术需要；结合彩色图片和视频讲解能更直观地指导茶叶生产和满足"码上学技术"丛书的要求，是一本集技术性、指导性、实用性为一体的科技书籍，可读性强。

  本书的出版衷心感谢福建省科学技术协会"福建省优秀科普教育

基地"项目和福建省农业科学院老区苏区县（光泽）乡村振兴科技特派员服务团的资助。

　　需要特别说明的是，本书中所用农药、化肥施用浓度和使用量，会因作物种类和品种、生长时期以及产地生态环境条件的差异而有一定的变化，故仅供读者参考。建议读者在实际应用前，仔细参阅所购产品的使用说明书，或咨询当地农业技术服务部门，做到科学合理用药用肥。由于编者水平有限，且编写时间仓促，未能征集更多、更具代表性的茶树生产相关内容和照片，难免有疏漏，敬请读者、同仁批评指正。

编　者

2023 年夏于福建福州

目 录

前言

五、茶叶加工处理

视频目录

一、茶树品种与资源

1. 茶的原产地是哪里？

茶的原产地是百年来植物学界一直争论的问题，先后形成了4种观点：①原产地中国说；②原产地印度说；③原产地东南亚说；④二元说，大叶茶原产于中国的四川、云南，以及越南、缅甸、泰国、印度等地，小叶茶原产于中国的东部和东南部。多数学者认为中国西南地区是茶的原产地，在向外传播的过程中，由于变异的增加和积累，又会形成次生中心，如滇西南、川南黔北毗邻区及鄂西三峡区。

2. 什么是种质，什么是种质资源？

种质是亲代通过生殖细胞或体细胞传递给子代的遗传物质。具有种质并能繁殖的生物体统称为种质资源。

3. 茶树种质资源有哪些类型，特点是什么？

种质资源主要包括野生资源、地方品种、选育品种、株系和品系、遗传材料和近缘种。

（1）野生资源是在特定的自然条件下，经长期适应进化和自然选择而形成的，往往具有一般栽培品种所缺少的某些重要性状，如较顽强的抗逆性、独特的品质等。通过杂交等方法，可以把野生茶树的优良基因或携带这些基因的染色体、染色体片段转移到栽培茶树中。

（2）地方品种指在一定地域范围内、生产上长期栽培的农家品种，是经过茶农长期驯化并世代相传，具有明显特点的群体。一般的地方群体种，它们对当地生态环境、栽培条件和居民消费习惯等有比

较好的适应性。

（3）选育品种指根据特定育种目标，采用相关技术手段，对遗传材料进行改良和选择，使其成为形态和生物学特征特性一致、遗传上相对稳定的品种，它比地方品种具有较多的优良性状。

（4）株系和品系。株系是来源于共同祖先，经过多年选育，遗传上稳定一致，但未进行品系比较试验的一群个体。品系是经过品系比较试验，但尚未形成品种，尚未在生产上推广的、遗传稳定一致的群体。

（5）遗传材料是指在遗传学或其他研究上有特殊功能或利用价值的材料。

（6）近缘种是指茶组植物中除茶种外的其他物种。

4. 什么是核心种质，如何建立核心种质？

核心种质是指采用一定技术方法，从资源的总收集品中选出一组在一定环境条件下表现出良好的环境适应性、优异的经济性状和优质高产的材料，能最大范围地代表一个种及野生近缘种的遗传多样性，可作为资源研究、基因发掘和新技术推广的样品。核心种质可以使种质资源的利用效率得到提升。

建立核心种质包含性状数据的收集整理、取样策略的研究、核心种质的管理和核心种质的有效性检验4个步骤。

5. 什么是种质资源的保护，具体的方式有哪些？

种质资源的保护是指人类通过对种质资源及其多样性的管理活动，使其能在当下发挥最大的持久效益，同时保持它的潜力以满足人类后代的需要和愿望。种质资源的保护方式主要有两种：原生境保护（就地保护）和非原生境保护（迁地保护）。

原生境保护是指在茶树原生存环境中保护茶树的群体及其所处的生态系统，即在茶树群体发生或发展独特性的地方种植保存。

非原生境保护是把茶树从原生存环境转移到具有不同条件的设施中保存。即通过种质圃、试管苗库、超低温库等途径进行的种质资源保存，是种质繁殖体生命力得到延长和遗传完整性得到维持的过程。

6. 茶树种质资源的保存有哪几种方式？

茶树种质资源保存方式有种植保存、种子保存、离体保存和基因文库等。日常生产中主要采用种植保存和种子保存这两种方式。

(1) 种植保存。主要以种质圃的形式进行。来自不同自然条件的种质资源，在同一地区种植保存，不一定都能适应，因此，应采取集中与分散保存的原则，分别在不同生态地点种植保存。国家种质杭州茶树圃累计保存茶树种质资源 3 000 余份，包括山茶科山茶属茶组植物的厚轴茶、大厂茶、大理茶、秃房茶和茶等 5 个种，以及白毛茶和阿萨姆茶等 2 个变种和山茶属近缘植物。国家种质大叶茶树资源圃（勐海）已收集保存中国、越南、老挝、缅甸、日本、肯尼亚和格鲁吉亚 7 国茶组植物 25 个种 3 个变种（张氏分类系统）共 3 485 份种质资源。福建省茶树种质资源圃共收集保存国内外茶树种质资源（含育种材料）4 000 余份，其中福建、广东、台湾乌龙茶品种资源和杂交种质材料 1 000 余份，是世界乌龙茶种质资源保存中心。此外，广东、广西、贵州、江西、安徽、湖南等省份也相继建立了地方茶树种质资源圃。

(2) 种子保存。种子是茶树本身有性繁殖的后代，易储运、占用空间小、繁殖再生能力强、具有完整的遗传信息，对繁衍和传播具有重要作用。茶树的种子属具有休眠特性的顽拗型种子，目前生产上对休眠期内的种子用沙藏法进行短期储藏，保持含水量在 30% 左右。沙藏法只能有限地延长种子的寿命，随着储藏时间延长，种子活力不断下降，无法达到长期保存种质的目的。

7. 种质资源创新利用的方式有哪些？

新的种质资源来源有 3 个方面：一是育种过程中产生的新品种、新品系和新的种质材料；二是不断产生的天然变异，包括自然突变和天然杂交产生的新类型和新物种；三是通过远缘杂交、基因工程、染色体工程、细胞工程、组织培养等手段，有目标地扩大遗传基础，综合不同种属间优良性状。种质资源的创新为育种工作提供了特殊性状的基因源，从而使育成的品种在某些重要性状上有所突破。利用方式

主要有直接利用、间接利用和潜在利用。

（1）**直接利用**。对适应当地生态环境、具有开发潜力、可取得经济效益的种质资源，可直接在生产上应用。有些野生茶树早期被当地茶农栽培利用，如福鼎大毫茶、铁观音、鸠坑种、祁门种等传统地方良种都是国家认定品种，这些品种在当地都有较长的栽培史。

（2）**间接利用**。对在当地表现不很理想或不能直接应用于生产，但具有明显优良性状的种质材料，可作为育种的原始材料。在野生大茶树中，发现了一批特异资源，如高茶多酚含量、高氨基酸含量、高咖啡碱含量、低咖啡碱含量的野生资源，这些都可作为单株选种、杂交亲本、诱变或克隆优异性状相关基因的原始材料。

（3）**潜在利用**。对于一些暂时不能直接利用或间接利用的材料，也不可忽视，其潜在的基因资源有待人们进一步研究认识和利用。

8. 什么是茶树品种？

茶树品种是经人类培育选择创造的、经济性状及农业生物学特性符合生产和消费要求，具有一定经济价值的重要农业生产资料；在一定的栽培条件下，依据形态学、细胞学、分子生物学等方面的特异性可以和其他群体相区别；茶树品种个体间的主要性状相似；是以适当的繁殖方式（有性或无性）能保持其重要特性的一个栽培茶树群体。品种有其在植物分类上的归属，往往属于植物学上的一个种、亚种或变种。

9. 茶树栽培品种有哪些属性？

（1）**特异性**。作为一个品种，至少有一个以上明显不同于其他品种的可辨认的标志性状，品种之间基因型是不相同的。品种在选育或生产栽培过程中，如果主要性状发生变异，而且具有一定的经济价值，并能稳定遗传，通过选育就可以形成另外的品种。

（2）**一致性**。在采用适宜该类品种繁殖方式的情况下，除可以预见的变异外，品种内个体间在形态、生物学特性和主要经济性状等方面应相对整齐一致。

（3）**稳定性**。该品种经过扦插、压条、嫁接等方法繁殖，前后代在形态、生物学特性和主要经济性状等方面保持相对不变。

（4）**地区性**。品种的生物学特性适应于一定地区生态环境和农业技术要求。每个品种都是在一定的生态环境和栽培条件下形成的，所谓"一方水土养一方品种"。利用品种要因地制宜，如果将某一品种引种到不适宜的地区或对其采取不恰当的栽培和加工技术，就不会产生好的结果，良种必须与良法配套。

（5）**时间性**。一定时期内，该品种在产量、品质和适应性等主要经济性状上符合生产和消费市场的需要。每个品种都保留着历史痕迹，能反映当时的生产力水平和消费需求。但随着时间的推移必须不断创造符合需要的新品种来替换旧品种。

10. 茶树良种的作用是什么？

优良品种是在适宜的地区，采用优良的栽培和加工技术，能够生产出高产、优质茶叶产品的品种，是茶叶生产和茶产业高质量发展的物质基础，具有重要作用。

（1）**提高单位面积产量**。良种一般都具有增产的潜力。茶叶高产是由多、重、快、长4个因子组成，在相同条件下，不同品种产量因子有差异，因而产量表现有高有低，高产品种增产效果一般能达到15%～30%。高产品种在推广范围内，对不同年份、不同地块的土壤和气候等因素的变化造成的环境胁迫具有较强的适应能力和较高的自我调节能力，从而保障茶叶高产稳产。

（2）**改进茶叶品质**。虽然生态条件、栽培措施、采摘标准和加工工艺等因素在一定程度上影响茶叶品质，然而品种不同，遗传物质就不同，芽叶的生化成分和芽叶形状、大小、色泽、茸毛等性状都有很大差异，制成茶叶的色、香、味、形也就不同，茶叶品质与品种有直接关系。

（3）**增强适应性和抗逆性**。茶树在生长过程中，不仅要面对各种生物胁迫和非生物胁迫，还要抵抗突发的各种胁迫造成的不良影响。任何良种都有一定的适应范围，良种在适应的范围内是良种，超出了适应的范围，良种的优良性状就不能充分体现。优良品种具有较高的自我调节能力，在推广范围内对不同茶区的土壤和气候等因素的变化

造成的环境胁迫具有较强的适应能力。

（4）提高采茶制茶效率。良种新梢生长旺盛、萌芽整齐、密度大，采茶工效高，可降低采摘成本。有些良种新梢的节间长，有利于机械化采茶，提高劳动效率。无性系良种鲜叶原料的匀整度和一致性高，便于后期各项加工工艺的控制，有利于提高加工品质。

11. 当前茶树育种的目标是什么？

育种目标就是对所要育成品种的要求，也就是所要育成的新品种在一定自然、生产及经济条件下栽培时，应具备的一系列优良性状的指标。高产和优质是新品种选育的永恒主题，生物和非生物逆境抗性是新品种选育的重要目标，特异、养分高效利用和适宜机械化作业是新品种选育未来的发展方向。

确定育种目标是育种工作的前提，育种目标适当与否是决定育种工作成败的首要因素。育种的目标应因地、因时而有所不同，育种者从诸多目标性状中抓住主要性状作为自己的育种目标。制定育种目标应使品种育成之后满足生产和市场的需求，考虑育成品种应用的效益和目标实现的可能性；要兼顾近期需要与长远利益；处理好目标性状和非目标性状的关系。育种目标确定之后，就要根据品种现状和对育成品种的要求，确定采取何种育种途径去获得符合目标要求的新品种，如何利用自然变异或人工创造变异育成新品种。

12. 茶树育种的途径有哪些？

（1）常规育种。包括选择育种和有性杂交育种，是以自然变异为基础，结合人工杂交手段，有效选择优良基因组合类型，并加以培育而成为良种的育种方法。目前，国家登记品种绝大多数是通过常规育种选育的。常规育种存在的主要问题是育种年限长，选育出一个品种通常需要 20 余年。

（2）诱变育种。指采用物理和化学方法，诱导生物体遗传物质发生突变，再经株选和比较鉴定而育成新品种的育种途径。

（3）生物技术育种。目前还处于研究阶段，是指以现代生命科学为基础，采用先进的工程技术手段，按照预先设计改造生物体，培育出所需品种。先进的工程技术手段主要是指细胞工程和基因工程。细胞工程是指以细胞为单位，在体外条件下进行培养、繁殖，或人为地使细胞某些生物学特性按人们的意愿发生改变，从而达到改良品种和创新品种的目的，包括细胞的体外培养技术、细胞融合技术、细胞器移植技术、人工种子的研制等。基因工程又称为 DNA 重组技术，即在基因水平上利用外来的或人工合成的 DNA 分子片段导入受体细胞并与该细胞内的 DNA 重组，在其下一代表现出新导入的 DNA 所携带的遗传信息特征，使重组基因在受体细胞内表达、产生人类需要的基因产物。

13. 什么是品种（系）比较试验，什么是区域试验？

品种（系）比较试验，是指将测试的品种（系）与同龄对照品种，在相对一致的条件下对主要农艺性状进行比较鉴定的过程。品种（系）比较试验的目的和任务：与对照品种进行比较，对测试品种（系）的茶苗成活率、新梢生育期、发芽密度、鲜叶产量、加工品质、适制性、适应性和抗性等农艺性状进行鉴定，科学、公正、客观地评价其利用价值；了解测试品种的栽培特性及性状，为品种（系）区域试验提供依据。

品种（系）区域试验，是指将测试的品种（系）与同龄对照品种，在拟推广的地区对重要农艺性状进行比较鉴定的过程。区域试验的目的和任务：与对照品种进行比较，在不同的生态区域，对测试品种（系）的茶苗成活率、新梢生育期、发芽密度、鲜叶产量、加工品质、适制性、适应性和抗性等农艺性状进行鉴定，科学、公正、客观地评价其利用价值；通过区域试验，确定测试品种的适宜栽培地区，克服品种推广或引种的盲目性；了解测试品种（系）的栽培特性及性状，为品种登记提供依据。因此，品种（系）区域试验与品种（系）比较试验在鉴定和评价的内容上基本是相同的，主要区别在于区域试验是在不同的生态区域来鉴定测试品种（系）的主要农艺性状的。

14. 区域试验的一般原则是什么？

在全国相关茶区选择土壤、气候及栽培管理水平、茶类结构具有

代表性，具有基本试验条件和相应专业技术人员的单位设点，各试验点的试验田间设计及管理、试验区种植方式、观察记载的项目、要求和方法等应统一。具备试验、鉴定、测试和检测条件与能力的单位（或个人）可自行组织进行，不具备条件或能力的单位（或个人）可委托具备相应条件和能力的单位组织进行。

品种（系）区域试验一般在品种（系）比较试验基础上进行，进行品种（系）区域试验时淘汰品种（系）比较试验表现不好的品种（系）。为了缩短育种年限，品种（系）比较试验和品种（系）区域试验也可同时进行，这是一个如何平衡时间与空间的问题。如果在品种（系）比较试验之后再进行品种（系）区域试验，品种（系）比较试验表现不好的品种（系）就无须参加区域试验；如果品种（系）比较试验和品种（系）区域试验同时进行，所有品种（系）都要参加品种（系）区域试验，品种（系）区域试验点需要更多的土地、物力、人力和财力，但试验时间节省5年以上。

15. 什么是DUS测试，意义何在？

DUS测试是指采用相应植物测试技术与标准（DUS测试指南），对测试品种的特异性、一致性和稳定性进行种植试验（室内外）或室内分析测试的过程。DUS测试指南是指导测试机构开展DUS测试工作的技术手册，同时还是审批机关审查新品种特异性、一致性和稳定性的技术标准。

DUS测试可促进培育优质、高产、稳定的品种，较好解决同质化品种多、不稳定品种多等问题，有效防止"一品多名""一名多品"及其他弄虚作假、剽窃等行为。DUS测试无论在品种保护上，还是在品种登记中都发挥着重要的作用。

16. 中国茶树品种管理经历了哪几个阶段？

中国茶树品种管理先后经历了认定→审定→鉴定→登记4个发展阶段。20世纪80年代我国国家级茶树品种认定工作由全国农作物品种审定委员会茶树专业委员会承担，1985年第一批认定了30个地方品种，1987年第二批认定了22个育成品种。1987年后采用审定的方式，1994 年第三批审定了 25 个国家级品种，2022 年第四批审定了 18 个国家级品种。2003 年农业部组织成立了第一届全国茶树品种鉴定委员会，茶树品种管理进入鉴定阶段，程序与审定完全一样。2004 年、2006 年、2010 年、2012 年和 2014 年 5 批共鉴定了 39 个国家级茶树品种。至此，自 1985 年以来，9 批共认定、审定和鉴定了 134 个国家级茶树品种。

2017 年，茶树作为非主要农作物被列入第一批 29 种非主要农作物登记目录之中，茶树品种管理从 2017 年 5 月 1 日起实行品种登记制度。《非主要农作物品种登记办法》实施前已审定或者已销售种植的品种，申请者按照品种登记指南的要求，提交申请表、品种生产销售应用情况或者品种特异性、一致性、稳定性说明材料，也可以申请品种登记。

17. 新实施的茶树品种登记与之前的茶树品种鉴定有哪些异同点？

新实施的茶树品种登记为国家级登记，与之前的茶树品种鉴定的共同点如下：①都属于自愿申请，非强制性；②都是茶树品种的推广许可，推广应用的准入，是一种行政管理措施；③对申请品种都应进行必要的试验测试，都要提交标准样品；④由农业主管部门发布公告、颁发证书；⑤申请文件或样品不实，或者品种出现不可克服的严重缺陷等问题的会予以撤销。

品种登记是品种管理制度的重大变革，与品种鉴定又有很大的区别。①管理理念由重视许可向监督转移。品种登记不设过高门槛，重点是对登记的品种进行跟踪、检测、评价。②管理方式由组织全国品种区域试验、会议鉴定向书面材料审查转移。品种登记重点对申请登记材料进行书面审查，省级农业主管部门受理申请，农业农村部复核、登记、公告。③管理手段由传统方式向信息化发展。建立了全国统一的"非主要农作物品种登记管理系统"，推进网上申请与受理，推进品种登记与保护、种子生产经营许可信息的互联互通，实现品种登记信息共享，登记工作公开透明。

18. 茶树品种登记的意义何在？

品种登记对茶树品种的管理具有重大现实意义，权责进一步明晰，把推广品种试验权交给申请者，把品种的选择权交给市场，把品种的监督权交给政府。登记制度是贯彻"放管服"新理念的重要举措，申请者只需要自行开展品种测试和试验，自行确定种植区域，就可以登记，并在适宜地区推广种植，更注重申请者自负其责。侧重于品种身份管理，保留品种标准样品，有利于加强市场监管，防止"一品多名""多品一名"等假冒侵权行为发生，保护育种者权益。申请者对登记品种的真实性负责，与种子质量可追溯体系相结合，有利于农民科学选种，保其利益。

19. 品种登记的流程有哪些？

（1）申请者提交申请。

①注册申请。登陆农业农村部"全国一体化在线政务服务平台"，完成注册后向审批机关提出申请。

②申请材料。对新培育的茶树品种，申请者应当按照《非主要农作物品种登记指南》的要求提交材料：a. 申请表；b. 品种特性、育种过程等的说明材料；c. DUS 测试报告；d. 新梢、叶片、花果及成年植株等的实物彩色照片；e. 品种权人书面同意材料；f. 品种和申请材料合法性、真实性承诺书；g. 其他，如区域试验等材料。

已审定或者已销售种植的茶树品种，申请者按照品种登记指南的要求，提交申请表、品种生产销售应用情况或者 DUS 测试报告，申请品种登记。

（2）省级人民政府农业主管部门审查。

①受理审查。省级人民政府农业主管部门负责受理品种登记申请。

②书面审查。省级人民政府农业主管部门在 20 个工作日内对提交的申请材料进行书面审查，符合要求的，将审查意见报农业农村部，并通知申请者提交茶苗样品；经审查不符合要求的，书面通知申请者并说明理由。

（3）申请者提交样品。 申请者接到通知后，及时提交茶苗样品至国家种质茶树圃。送交的每个品种苗木样品，必须是遗传性状稳定、与登记品种性状完全一致，未经过药物处理、无检疫性有害生物、质量符合《茶树种苗》（GB 11767—2003）Ⅱ级以上的 100 株一足龄健壮扦插苗。

国家种质茶树圃收到茶苗样品后，在 20 个工作日内确定样品是否符合要求，并为申请者提供回执单。

（4）全国农业技术推广服务中心复核。 全国农业技术推广服务中心从收到省级人民政府农业主管部门审查意见之日起，20 个工作日内进行复核。对符合规定并按规定提交茶苗样品的，形成复核意见上报农业农村部种业管理司。

（5）农业农村部种业管理司公示、公告与颁证。 农业农村部种业管理司签收全国农业技术推广服务中心报送复核合格材料，在种业管理司网站公示 10 个工作日。公示无异议品种，予以登记公告，颁发登记证书。

20. 植物新品种保护的意义是什么？

植物新品种保护是知识产权保护的一个组成部分，是对植物育种者权利的保护，植物新品种培育者依法对其品种享有独占权。保护的对象不是植物品种本身，而是植物育种者应当享有的权利。

实行植物新品种保护制度，是社会文明和农业科技进步的体现，目的在于保护植物新品种所有人的合法权益，规范育种行业，保护生物遗传资源和激励植物品种创新，以培育更多高质量的新品种，促进农、林等产业的可持续发展，还可促进植物育种的国际合作和交流，形成优良品种双向流动的新机制。

农业农村部从 1999 年 4 月发布我国第一批农业植物新品种保护名录开始，至 2018 年 11 月共发布了 11 批农业植物新品种保护名录，茶树于 2008 年被列入《中华人民共和国农业植物品种保护名录（第七批）》。

21. 什么是茶树新品种？

茶树新品种是指经过人工培育的或者对发现的野生茶树加以开发，

具备新颖性、特异性、一致性和稳定性，并有适当命名的茶树品种。

新颖性是指申请品种权的茶树新品种在申请日前该品种繁育材料未被销售，或者经育种者认可，在中国境内销售该品种繁育材料未超过 1 年，在中国境外销售未超过 4 年。**特异性**是指申请品种权的茶树新品种应当明显区别于在递交申请以前已知的茶树品种。**一致性**是指申请品种权的茶树新品种经过繁殖，除可以预见的变异外，其相关的特征或者特性一致。"相关的特征或者特性"是指至少包括用于特异性、一致性和稳定性测试的性状或者授权时进行品种描述的性状。**稳定性**是指申请品种权的茶树新品种经过反复繁殖后或者在特定繁殖周期结束时，其相关的特征或者特性保持不变。

22. 品种权的申请和受理的流程有哪些？

（1）申请者提交申请。申请者应按照农业农村部植物新品种保护办公室发布的申请文件填写，提出书面申请，或登录农业农村部"全国一体化在线政务服务平台"填报。提交请求书、说明书和品种照片，同时提交相应的请求书和说明书的电子文档。

①请求书。请求书包括以下内容：a. 品种暂定名称（中英文）；b. 品种所属的属或者种的中文名称和拉丁学名；c. 申请人和代理机构相关信息；d. 品种的主要培育地；e. 是否转基因；f. 是否已向指定机构提供繁育材料（茶苗标准样品）；g. 是否完成官方 DUS 测试；h. 申请文件清单，包括品种权申请请求书、说明书、照片及其简要说明；i. 附加文件清单，包括代理委托书、转基因安全证书复印件、DUS 测试报告原件、繁殖材料合格通知书复印件、品种登记证书复印件等其他附加文件。

②说明书。申请人提交的说明书应当包括下列内容：申请品种的暂定名称，该名称应当与请求书的名称一致；申请品种所属的属或者种的中文名称和拉丁学名；育种过程和育种方法，包括系谱、培育过程和所使用的亲本或者其他繁殖材料来源与名称的详细说明；有关销售情况的说明；选择的近似品种及理由；申请品种特异性、一致性和稳定性的详细说明；适于生长的区域或者环境及栽培技术的说明；申请品种与近似品种的性状对比表。

③品种照片。照片应当有利于说明品种的特异性，申请品种与近似品种的同一种性状对比应在同一张照片上，照片应为彩色并符合规格要求，照片附简要文字说明。

（2）**受理**。审批机关对符合规定的品种权申请予以受理，明确申请日、给予申请号。对不符合或者经修改仍不符合规定的品种权申请不予受理，并通知申请人。

（3）**初步审查**。自受理品种权申请之日起 6 个月内完成初步审查。对经初步审查合格的品种权申请予以公告。对经初步申请不合格的品种权申请，通知申请人在 3 个月内陈述意见或者予以修正；逾期未答复或者修正后仍然不合格的，驳回申请。

（4）**实质审查**。审批机关主要依据申请文件或其他有关书面材料，对品种权申请的特异性、一致性和稳定性进行实质审查。审批机关认为必要时，可以委托指定的测试机构进行测试或者考察业已完成的种植或者其他试验的结果。因审查需要，申请人应当根据要求提供必要的资料，按时将符合要求的茶苗送至植物新品种保护办公室指定的测试机构。

（5）**授权或驳回**。对经实质审查符合《中华人民共和国植物新品种保护条例》规定的品种权申请，审批机关作出授予品种权的决定，颁发品种权证书，并予以登记和公告。

对经实质审查不符合《中华人民共和国植物新品种保护条例》规定的品种权申请，审批机关予以驳回，并通知申请人。申请人对审批机关驳回品种权申请的决定不服的，可以向植物新品种复审委员会请求复审。申请人对植物新品种复审委员会的决定不服的，可以向人民法院提起诉讼。

23. 品种登记和新品种保护的异同点是什么？

（1）**共同点**。一是两者的目标相同，都是为了促进农业生产的发展；二是两者都是针对植物新品种而言，程序的启动都基于申请人提出的申请；三是两者都是由管理机构按照规定程序予以审查，对符合条件的发放证书，在审查过程中，都必须进行一定田间栽培试验。

（2）**不同点**。

①制度性质不同。品种权属于知识产权范畴，新品种保护所保护

的是新品种权。品种登记属于行政管理行为，是一种行政许可制度，也是一种行政强制管理措施，其目的是通过官方权威、公正的信息，保障产业用种安全、促进产业生产发展，具有公益性和强制性。因此，新品种保护是一种知识产权保护，属于民事法律制度；品种登记是一种行政管理，属于行政法律制度。

②法律渊源不同。新品种保护的主要法律依据是《中华人民共和国种子法》和《中华人民共和国植物新品种保护条例》及相关部门规章；而品种登记的主要法律依据是《中华人民共和国种子法》和《非主要农作物品种登记办法》及相关部门规章。

③审查对象不同。新品种保护是列入国家植物新品种保护名录的农业植物，品种登记则是非主要农作物登记目录涉及的农作物。

④审查条件不同。新品种保护的品种要在一个或几个方面明显区别于提出申请之前的已知品种，品种登记则突出品种的产量、品质、抗逆性、适应性等农艺性状，以及适宜种植地区；新品种保护是授予品种权，品种登记则是给新培育的品种颁发"非主要农作物品种登记证书"；新品种保护所选的对照品种为近似品种，品种登记所选的对照品种则是性状优良的当地主栽品种；新品种保护要求在申请前销售未超过规定时间，品种登记则不管在登记申请前是否销售过。

⑤有效期不同。新品种保护的品种权利具有期限性，品种登记所颁发的品种登记证书则没有设定品种推广使用的有效期，只要经登记的品种一直保有登记之性状特征，就可以永久有效。

总之，品种登记不等同于新品种保护，新品种保护也不代表品种登记。取得品种权的品种，要在生产上推广应用还需按照《中华人民共和国种子法》及有关法规的要求进行品种登记。通过品种登记的品种，如果需要取得法律保护，就要提出品种权申请。

24. 什么是优良品种，什么是良种繁育？

优良品种是指具有某些特别优良的经济性状，能满足人们某种需求，给种植者带来较高经济收益的栽培品种。良种育成后，在保证种性的前提下，要快速扩大良种数量，为生产提供优质苗木或种子。良种繁育的"繁"，是指提高良种繁殖系数，是对数量而言的；"育"是采用科学的栽培和农艺措施，使优良品种的种性不致混杂退化并有所提高，是对质量而言的。"繁"与"育"两者是不可分割的有机统一体。

25. 良种繁育的特点是什么？

（1）大多数茶树品种既能有性繁殖，也能无性繁殖。极少数品种不结实或结实率极低，难以进行有性繁殖，但能通过无性方式繁殖后代。

（2）茶树是多年生植物，不同于一年生作物，一旦种植不易换种，选用的品种对生产的影响是长期的。

（3）茶树属于异花授粉植物，有性繁殖的后代会产生性状分离。

（4）茶树是叶用植物，繁育种子、留蓄扦插枝条与鲜叶生产之间存在矛盾。

26. 良种繁育的任务是什么？

良种繁育的任务是在保持和不断提高良种种性的前提下，迅速扩大良种数量以满足生产的需要。因此，良种繁育的任务主要包括两个层面。

（1）保持和提高现有良种种性。采取先进的农业技术和防杂保纯措施，按良种繁育生产的技术规程，保持和提高良种的种性。对于生产上现有的良种，在繁育中首先要采取有效的防杂保纯措施，并通过良好的培育和选择来不断提高种性；对于已经退化的良种，要及时提纯复壮；有计划地组织品种更新换代。

（2）大量繁殖良种种苗。良种种苗是发展茶产业的重要生产资料，迅速大量繁殖优良品种，不断扩大良种种植面积是加速茶园良种化的中心环节。只有大量繁育良种，在数量上能及时满足生产上的需要时，良种推广才有迅速实现的可能。

27. 茶树的繁殖方式有哪些，各有什么特点？

茶树的繁殖是指通过有性生殖（种子）或营养体繁殖方式再生，使种质个体数量增加和维持遗传完整性的过程。茶树的繁殖方式主要

是有性繁殖和无性繁殖。

茶树通过种子繁殖后代的方式称为有性繁殖、种子繁殖，是茶树繁衍后代主要方式之一。种子繁殖的苗木称为实生苗、有性苗或种子苗，形成的品种称为有性系品种。有性繁殖有如下特点：①后代出现不同程度的性状分离；②种子寿命短，属"顽拗"型，长期储藏有困难；③品种内植株间基因型有差异，后代根系由明显发达的主根及各级侧根组成，入土深，因此后代生活力、适应性、抗逆能力均强；④需要经过3～4年的幼年期才能开花结实，有些品种不结实或结实率低，难以满足生产的需要；⑤繁殖方法简单、成本低、便于包装和运输，有利于优良品种推广。

无性繁殖是指植物体不经过两性细胞受精过程繁殖后代的方式。茶树主要采用营养体繁殖，在生产上有扦插、嫁接、压条、分株等方式，又以扦插繁殖应用最广。营养体繁殖是利用营养器官繁殖后代，不涉及性细胞融合，其实质是通过母体的体细胞有丝分裂产生子代新个体，后代不发生遗传重组，在遗传组成上和母体一致。营养体繁殖有如下特点：①后代各种性状与母本一致。②后代植株间基因型相同，性状整齐一致，便于茶园管理，有利于提高功效；鲜叶原料便于加工，有利于控制和提高茶叶品质。植株无明显主根，入土浅，生活力、适应性和抗逆能力相对较弱。③后代易携带母体的病虫害；繁殖技术要求较高。④营养体繁殖是不结实或结实率低的品种的主要繁殖途径。

28. 品种退化的原因是什么?

品种退化是指品种在栽培过程中，纯度降低，种性发生不良变异，致使品种失去原有的性状，某些经济性状变劣，生活力下降，抗逆性减弱，或产生不符合需要的变异类型的生物学现象。退化的实质是品种的遗传物质发生了不符合育种及栽培目标的变化，具体原因如下。

(1) 机械混杂。 在良种繁育过程中，不按良种繁育技术规程办事，操作不严，使繁育的品种内混进了异品种苗木或种子。发生机械混杂后，如果不及时采取提纯和去杂去劣等有效措施，在有性系品种中会发生互相杂交，进而产生生物学混杂，加剧品种混杂退化的程度。

（2）**生物学混杂**。有性系品种在种子繁殖过程中，由于自然杂交，导致基因重组，后代出现各种性状的分离，严重的会导致原有品种种性丧失。自然杂交是引起有性系品种混杂退化的最主要原因，有性系品种比无性系品种更容易发生混杂退化。一些优良的有性系品种，在生产过程中由于长期没有采取合适的隔离及留种措施，会出现日趋混杂而降低种性。

（3）**基因突变**。从理论上讲，发生自然突变的频率并不高，而又以隐性突变居多，短期不易表现出来，但经几代积累之后将会显现，使品种出现混杂退化现象。基因突变产生的芽变是无性繁殖时品种退化的主要原因。虽然芽变有时会出现对人类有利的变异，但更多的是劣变。如果用劣变的枝条与其他植株共同繁殖，它们的后代个体基因型就会出现差异，导致品种退化。

（4）**不合理的选择**。有性系品种的主要性状基本是一致的，但这些性状一般是多基因控制的，个体之间基因型存在一些差异；另外，如果发生混杂和基因突变，加重了群体内个体间的差异性。有性系品种在繁育过程中，不进行选择或选择方法不合理，选择目标不准确，都会导致选择效果不佳，造成品种退化。

（5）**不适当的材料繁殖**。无性系品种扦插繁殖中，若材料选用不当，也会导致品种退化。同一株树上所长的枝条，由于产生的时期和部位不同，形成了枝芽的异质性，尽管基因型没有改变，但他们繁殖后长成的植株在生产效应上不同。就茶树个体发育来说，树龄增加，花果增多。无性系茶苗如果是用老龄茶树的枝条繁育而来，受母本枝条生长发育阶段的影响，带有花芽的插穗在苗期就开花。所以，母本园树龄越大，其枝条繁育的个体性状成熟也就越早，花果多，生活力低。

（6）**不适宜的栽培条件**。茶树与环境的关系是辩证统一的关系，一个良种，他的特征特性是在一定环境条件下形成的，如果这些条件得不到满足，其优良种性就难以得到充分显现，这种情况持续多代就会产生品种退化现象。

29. 防止品种退化的措施有哪些？

要做好防止品种退化工作，必须建立健全良种繁育体系，制定规

章制度，加强检查监督和良种繁育队伍的建设，针对品种混杂退化的原因制定预防措施。

(1) 严格技术操作规程，避免机械混杂。 在采种、育苗等繁育过程中，容易产生机械混杂，因此要切实按照良种繁育规程操作，从各个环节上杜绝混杂。例如，有性系采种之前，先将劣株上的果实清除，按品种分别采收、脱壳、储藏。无性系在剪穗、扦插、运输、移栽等过程中都应强调细致工作、以免混杂。

(2) 防止自然杂交引起的生物学混杂。 采用无性繁殖建立采种园，或者选择品种纯度高的茶园作为专用留种基地，以保证后代种子一定的纯度和典型性。要求有性系品种的采种园附近无低劣品种，与周边茶园采取适当的隔离措施，否则就会发生自然杂交。风力大小、传粉昆虫的种类、采种园周围的地理环境，如地势高低、有无障碍物等，都对自然杂交有不同程度的影响。

(3) 应用正确的选择方法和留种方式，防止品种劣变。 对于正在退化或已经退化的品种，应加强人工选择，及时做好去劣选优、弃杂保纯工作。选作留种基地的有性系良种茶园，不是所有单株都优良，可将种性表现差的茶树进行重剪强采，或者除尽花蕾，或者整株挖掉，补上优良植株，以免劣种混杂。用混杂较严重的有性系茶园留种时，应预先将用于采种的优良母树做好标记，定株采种，以获得质量较好的种子。选择成熟饱满种子播种，育苗移栽或在种子直播后的苗期阶段仍要坚持弃杂保纯、去劣选优，做好每一个环节的选择。

30. 良种推广体系由哪几部分组成？

良种推广是良种选育的延续，是在品种登记的基础上，通过繁育种苗、生产示范等措施，迅速将良种应用到生产中的过程。

良种推广是由育种单位和育种者、试验示范单位、品种管理部门、种苗繁育单位、生产单位和个人参与的系统工程。在这个体系中，各参与单位和参与者都起着不同的作用。

(1) 育种单位和育种者。 从事种质资源的挖掘、收集和创新，良种选育、原种提供等，主要有科研院所和高校的科研工作者，以及农民"科学家"等参与。

（2）**试验示范单位**。从事新品种的品种（系）比较试验和区域试验、良种示范等，主要有科研院所、良种示范场、茶场、种植专业户、茶叶合作社等单位或个人参与。

（3）**品种管理部门**。新品种登记的受理和审查，确定新品种适宜推广范围，由农业农村部种业管理司、全国农业技术推广服务中心和省级人民政府农业主管部门负责。

（4）**种苗繁育单位**。对经过登记的新品种，建立母本园和苗圃基地，主要有育种单位和育种者，以及各级种苗繁育单位参与。任务是繁殖良种种苗，保持良种纯度，向生产单位提供合格苗木，同时组织品种示范和技术辅导，拟定良种良法的技术措施。

（5）**生产单位**。包括公司、专业合作社、茶场、种植专业户和茶农等，按照良种良法的要求，合理使用良种。

31. 什么是茶树引种？

引种是从另一个国家或地区将茶树品种引入本地区种植利用的过程。引种到新地区后，可能有两种反应。一种反应是原分布区域与引入地的自然条件非常相似，或由于引种的品种适应范围较广，经过简单试验证明适合本地区栽培后，直接引入并在生产上推广应用。该品种并不需要改变它的遗传特性，就能适应新的环境条件，可以正常生长发育甚至更好，即在其遗传适应范围内进行迁移，这种遗传特性未发生改变而能良好适应新环境的引种属于简单引种，或称为自然驯化。另一种反应是原分布区域与引入地的生态条件差别大，或该品种适应性窄，只有经过精细的栽培管理，或结合杂交、诱变、选择等改良措施，逐步改变该品种的遗传特性，使其适应新的环境，这属于引种驯化，或称为风土驯化。

32. 引种的意义是什么？

通过引种可以使优良品种扩大栽培种植范围，应用外地优良品种补充当地原有品种以提高茶叶产量和品质，满足人们消费需求；可以扩大遗传资源，丰富育种物质基础，适应各种育种工作的需要，从中选育适应当地条件有利变异的新品种，使当地品种资源更为丰富。

33. 引种的工作程序和措施主要包括哪些？

(1) 明确引种目标和要求。一个地方引入什么品种，既要考虑当地的生态条件，又要考虑是否能满足市场的需求及经济效益，最后还要注意品种搭配。

(2) 先试后引。试种是指在隔离区种植经过检疫的引种品种，对其农艺性状进行初步观测的过程。引种有一般的规律，但品种之间的适应性有很大差异，大量引种前要进行试种。①只要符合引种目标，引入品种个数应尽可能多些，有利于优中选优。②进行多点小规模试种，加速引种进程。经过试种证明可以直接利用的品种，就地建立母穗园扦插繁殖，或大量引入该品种的茶苗，大面积推广种植。

(3) 与栽培试验相结合。引种的同时，应根据引进品种的生物学特性，进行一系列的栽培试验，试验时以当地主栽的良种为对照，以便总结出一套发挥外来良种潜力、适应当地环境条件的优良栽培方法。

(4) 与繁殖相结合。少引多繁，不要盲目调种。试种成功后，最好在本地建立母穗园扩大繁殖，这样既可节约开支，又有把握使品种后代适应当地气候条件。

(5) 防止病虫传播。病虫害的发生往往具局部性，不同茶区发生的病虫害是不同的，引种不能忽视病虫传播，一定要加强引种前的检验检疫工作。尤其要查验本地以前没有的病虫害，以及苗木和种子容易携带的害虫和病菌。

(6) 引入的品种选择。引入品种栽培在不同于原产地的环境条件下，其性状会发生一些变化，变化的范围取决于两地环境条件的差异和品种本身遗传性的稳定程度。因此引种后，一方面要保持引入品种的优良性状，另一方面也有可能从中选育出新的良种，这就需要进行不断地选择。

目前引种多引入无性系品种，由于品种内个体间遗传物质相同，经过试种，根据性状表现可在品种间选择，以确定整个品种的取舍，而在品种内选择一般是没有意义的，除非发生了突变，则可进行单株选择。

34. 品种选择的基本原则是什么?

(1) 适制性。良种的选择要与当地茶产业的现状密切结合,要选择适制本地区优势产品的茶树品种,才能充分发挥品种的经济效益。

(2) 适应性。良种都有一定的适应种植区域,对光温环境特别是温度有特定要求,因此,在选种之前要充分了解品种的登记适应区域和选育报告,把握品种对环境的要求,避免盲目引种。此外,品种最好还具有较强的病虫害抗性,以减少农药使用,提高茶叶质量水平。

(3) 合理搭配。考虑品种物候期的搭配,在较大栽培范围内,在气候较温和、无明显"倒春寒"的地区,一般特早生∶早生∶中生的比例为 3∶5∶2 或 4∶4∶2;在经常出现"倒春寒"的茶区,则应适当降低特早生种的比例,可适当增加中生种的比例。另外,还要注意品种的搭配,大中型茶园要考虑适制不同类型茶叶品种的搭配。

(4) 良种配良法。每个品种都有其特殊的种性,良种良法配套是实现茶叶高产、优质和高效的基础。在选种的时候要仔细了解品种的特性及其对栽培、加工的要求,充分发挥良种的优势。

35. 适制绿茶的主栽品种有哪些?

福鼎大白茶、福鼎大毫茶、龙井 43、中茶 108、中茶 302、中茶 602、中茶 502、中黄 1 号、中黄 2 号、中白 1 号、梅占、霞浦春波绿、霞浦元宵绿、早春毫、鄂茶 1 号、鄂茶 5 号、鄂茶 6 号、鄂茶 10 号、鄂茶 11 号、鄂茶 12 号、浙农 139、浙农 117、金茗 1 号、黔茶 8 号、黔茶 1 号、黄金保靖茶 1 号、湘妃翠、黄金茶 2 号、巴渝特早、川茶 6 号、茶农 98、桂茶 2 号、赣茶 2 号、舒茶早、桂绿 1 号、名山白毫 131、尧山秀绿、玉绿、锡茶 5 号和信阳 10 号等。

36. 适制红茶的主栽品种有哪些?

英红 9 号、英红 1 号、丹霞 1 号、丹霞 2 号、五岭红、鄂茶 4 号、云抗 10 号、云茶 1 号、粤茗 1 号、粤茗 2 号、湘红 3 号、黔湄 419、黔湄 502、福云 10 号、安徽 3 号、蜀永 1 号、蜀永 2 号、宁州 2 号、桂红 3 号、桂红 4 号、黔湄 701,蜀永 703、蜀永 808、蜀永 3

号、秀红、迎霜、茗科 1 号（金观音）、黄玫瑰、金牡丹和黄观音等。

37. 适制乌龙茶的主栽品种有哪些?

铁观音、黄棪、本山、大叶乌龙、福建水仙、肉桂、黄观音、茗科 1 号（金观音）、丹桂、春闺、瑞香、九龙袍、黄玫瑰、金牡丹（视频 1）、紫牡丹、紫玫瑰、白芽奇兰、大红袍、佛手、鸿雁 12 号、鸿雁 1 号、凤凰八仙单丛、凤凰单丛、乌叶单丛和岭头单丛等。

视频 1　金牡丹品种介绍

38. 适制白茶的主栽品种有哪些?

福鼎大白茶、福鼎大毫茶、福安大白茶、政和大白茶、福云 6 号、福云 7 号、福云 20 号、福云 595、歌乐茶、九龙大白茶、乐昌白毛 1 号、碧香早、白毫早、白云 0492 等。

39. 适制黄茶的主栽品种有哪些?

槠叶齐 12 号、尖波黄 13 号、保靖黄金茶 1 号、中茶 602、平阳特早茶和中茶 108 等。

40. 适制黑茶的主栽品种有哪些?

云抗 10 号、云抗 14 号、中茶 108、中茶 302、槠叶齐、湘波绿 2 号、鄂茶 1 号和桃源大叶等。

41. 特异芽叶色泽新品种（系）有哪些?

(1) 金冠茶 (*C. sinensis* 'Jinguancha')。由福建省农业科学院茶叶研究所从黄观音（♀）×白鸡冠（♂）杂交 F_1 中选育而成。无性系、灌木型、中叶类、早生种。植株中等，树姿半开张，分枝较密，叶片呈上斜状着生。叶色深绿、富光泽，叶面隆起，叶椭圆形，叶尖钝尖，叶身内折，叶质较硬脆。全年嫩梢的芽、叶、茎呈黄色、淡黄色。育芽能力强，发芽较密，茸毛少，持嫩性较强，产量中等。1 芽 3 叶盛期在 3 月底至 4 月初。适制乌龙茶与绿茶、红茶、白茶。制乌龙茶，茶香浓郁，花香显，味醇厚，叶底透亮。抗性与适应性均较强，适宜在福建及气候条件相似的茶区推广。

(2) 福黄 1 号（*C. sinensis* 'Fuhuang1'）。 原产于福建省宁德市蕉城区八都镇，为福安大白茶的自然变异株，是高氨基酸茶树品种，春梢 1 芽 2 叶干茶样氨基酸含量 9.71%（彩图 1）。无性系，小乔木型，大叶类，早生种。植株较高大，主干明显，树姿半开张，分枝较密，叶片稍上斜着生。叶长椭圆形，叶色绿、富光泽，叶面平，叶缘平，叶身内折，叶尖渐尖，叶齿较锐浅密，叶质厚脆。芽叶黄色，茸毛较多。发芽较密且整齐，1 芽 3 叶百芽重 93.0 克，产量高。适制白茶、红茶和绿茶。制白茶，品质优异，芽壮毫显，香清、味鲜醇，风味独特；制红茶，条索壮实紧结，白毫多，香高、味浓醇，叶底肥厚红亮；制烘青绿茶，条索自然，色浅黄亮，汤色淡黄明亮。抗寒、抗旱能力较强，适宜在福建茶区示范推广。

(3) 福黄 2 号（*C. sinensis* 'Fuhuang2'）。 原产于福建省宁德市蕉城区八都镇，为福云 6 号茶树的自然变异株，是高氨基酸茶树品种，春梢 1 芽 2 叶干茶样氨基酸含量 8.21%（彩图 2）。无性系，小乔木型，大叶类，早生种。植株较高大，树姿半开张，分枝能力强，分枝较密。叶片呈水平状或稍下垂状着生，叶形呈长椭圆形或披针形，叶色黄绿，光泽性强，叶质柔软，叶面平滑，叶身内折，叶缘平，锯齿浅而稀，叶尖渐尖，叶脉 8～11 对。嫩芽叶黄色，肥壮，茸毛多。育芽能力较强，持嫩性较好，1 芽 3 叶百芽重 103.5 克，产量高。适制绿茶、红茶和白茶。制绿茶，条索紧细，白毫显露，香气清高，汤色杏黄明亮，滋味醇和爽口。抗寒、抗旱能力均较强，适宜在福建茶区示范推广。

(4) 黄金芽（*C. sinensis* 'Huangjinya'）。 原产于浙江省余姚市，属于光照敏感型新梢白化变异品种，是高氨基酸茶树品种。2008 年认定为省级品种，编号浙 R - SV - CS - 010 - 2008。无性系，灌木型，中叶类，中生种。植株中等，树姿半开张，分枝密度中等，叶片呈上斜状着生。叶色浅绿或黄白色，叶面平或微隆起，叶椭圆形，叶缘平或波，叶身平或内折，叶尖渐尖。芽较小，茸毛多，黄白色。产量中等。1 芽 2 叶干茶样约含氨基酸 4.0%。适制绿茶，具有"三黄"

标志，即干茶亮黄、汤色明黄、叶底纯黄。制绿茶，香气浓郁，持久悠长，滋味醇、糯、鲜。抗逆性相对较弱，适宜在遮光率低于30%的林茶套种茶园种植。

（5）**中黄1号**（*C. sinensis* 'Zhonghuang1'）。原名天台黄茶，从浙江省天台县地方资源中的黄化变异单株选育而成，2019年获农业农村部品种登记［编号：GPD茶树（2019）330033］。无性系，灌木型，中叶类，中生种，二倍体。植株中等，树姿半开张，分枝较密。叶片呈稍上斜状着生。春季芽梢呈鹅黄色，夏秋季新梢为淡黄色，芽叶茸毛中等，叶片椭圆形，叶色黄绿，叶面微隆起，叶身内折，叶缘微波，叶齿锐度钝、密度中、深度浅，叶质中等，叶尖钝尖，叶基近圆形，花量较多，结实率低。发芽密度较高，持嫩性较强，产量较高，适制绿茶。制绿茶翠绿隐毫，汤色黄绿明亮，清香较显，滋味鲜醇、稍带花香，叶底黄亮。耐寒性较强，耐高温干旱性较强，适应性较强；扦插繁殖力强。

（6）**中黄2号**（*C. sinensis* 'Zhonghuang2'）。原名缙云黄，由浙江省缙云县地方资源中的黄化变异单株采用系统育种法育成。无性系，灌木型，中叶类，中生种，二倍体。2019年获农业农村部品种登记［编号：GPD茶树（2019）330034］。植株中等，树姿半开张，分枝较密。叶片呈稍上斜状着生。芽叶嫩黄（春季新梢为葵花黄色）、茸毛少，发芽密度较高，叶形椭圆形，叶脉8对，叶色黄绿、富光泽，叶面微隆起，叶缘微波，叶齿锐度中、密度中、深度中，叶身稍内折，叶质中等，叶尖钝尖，叶基楔形。花量多，结实率较高。持嫩性强，产量中等，适制绿茶。制绿茶黄绿隐毫，汤色黄绿明亮，香气清纯、有花香，滋味较醇厚，叶底较嫩黄、软亮。耐寒性较强，耐高温干旱性较强，适应性较强；扦插繁殖力强。

（7）**金茗早**（*C. sinensis* 'Jinmingzao'）。由福建农林大学从茗科1号（金观音）自然杂交后代中采用单株育种法育成。无性系，小乔木型，中叶类，特早生种。植株较直立，树姿半开张。叶椭圆形，叶色绿，叶面微隆起，叶缘平或微波，叶身内折，叶尖渐尖，叶齿密度中等，新梢芽叶色泽为紫红色，芽叶茸毛中等，发芽密。1芽2叶百芽重（27.4±4.8）克，盛花期在11月上旬，花瓣5～8瓣，花柱3

裂，子房有茸毛，雌高。适制乌龙茶和红茶。适应性强，适宜在福建茶区示范种植。

(8) 紫娟茶（*C. sinensis* 'Zijuancha'）。原产于云南省勐海县。2005 年被国家林业局植物新品种保护办公室授权保护，品种权号为20050031。无性系，小乔木型，大叶类，中芽种。树姿半开展，主干枝较粗壮，分枝部位较高，分枝密度中等，叶片呈上斜状着生、柳叶形，叶尖渐尖，色紫色，叶柄呈紫红色。育芽力强，发芽密度中等，嫩梢芽、叶、茎都为紫色，为珍稀茶树种质和园林观赏植物。花萼5片，花瓣5～6瓣，花柱3裂，雌雄蕊等高，基部连生，子房茸毛多。果球形或肾形。紫娟茶花青素含量高，富含天竺葵素、矢车菊素、飞燕草色素、芍药色素和锦葵色素等。适制绿茶。制烘青绿茶，汤色紫，香气纯正，滋味浓强。抗寒、抗旱性均强，适宜在全国茶区推广种植。

(9) 紫嫣茶（*C. sinensis* 'Ziyancha'）。原产于四川省乐山市沐川县，由四川农业大学与四川一枝春茶业有限公司合作，采用单株选育法育成，花青素含量高，其嫩梢和茶汤均为紫色。2017 年获农业部植物新品种权证书，品种权号 CNA20210455。2018 年通过国家非主要农作物品种登记，编号 GPD 茶树（2018）510007。无性系，灌木型，中叶类，晚生种，新梢芽、叶、茎均呈紫色。春季1芽2叶茶多酚、氨基酸、咖啡碱、水浸出物和花青素含量分别为 20.36%、4.41%、3.98%、45.49% 和 2.73%。适制绿茶。制烘青绿茶，色青黛，汤色蓝紫清澈，有嫩香、蜜糖香，滋味浓厚尚回甘，叶底色靛青，风味特征明显，已在沐川县重点推广种植。

二、茶叶生产管理措施

（一）新茶园建设

42. 茶树生长对环境条件有何要求，如何选择适宜基地开垦新茶园？

茶树生长对气候条件要求：①年平均气温在 13℃ 以上，茶树生长季节月平均气温在 15℃ 以上，灌木型茶树越冬期绝对最低气温不低于 -18℃，乔木型茶树不低于 -5℃；②年降水量在 1 000 毫米以上，生长季节月平均降水量在 100 毫米以上；③年平均相对湿度 80% 以上。

茶树对土壤适应范围较广，只要土层深度在 60 厘米以上，又呈酸性反应，土壤 pH 在 4.0～6.5，且不渍水的，一般都可以种茶。要了解当地土壤是否适宜种茶，除了实地测定外，也可通过实地调查指示植物来判断。凡映山红（杜鹃）、铁芒萁（狼萁）、马尾松、油茶、杉树、杨梅可良好生长的土壤，也是适宜种茶的好土壤。

地形直接影响茶园小气候，与茶树生长、机械耕作、水利设施等都有密切关系。茶园应建立在坡度 25° 以下的山地或丘陵地，或建立在坡度 15° 以下，比较集中连片且有规则的缓坡较为理想。

43. 茶园道路设计有何要求，如何合理规划茶园道路？

道路网是关系茶行安排、沟渠设置和整个园相的重要部分。在茶园开垦之前，就应规划好道路，力求合理。规模较大的茶场，必须建立道路网，分别设干道、支道、步道。

(1) 干道。作为全场交通要道，贯穿场内各作业单位，并与附近公路的交通道路相衔接。路面宽 6～8 米，纵坡度小于 6°，转弯处曲率半径不小于 15 米。小丘陵地的干道应设在山脊。坡度 16°以上的坡地茶园，干道应开 S 形。

(2) 支道。是机具下地作业和园内小型机具行驶的主要道路，每隔 300～400 米设 1 条，路面宽 4～5 米，纵坡度小于 8°，转弯处曲率半径不小于 10 米。

(3) 步道。进行下地作业与运输肥料、鲜叶等，与干道、支道相接，与茶行或梯田长度紧密配合，通常每隔 50～80 米设 1 条支道，路面宽 1.5～2 米，纵坡度小于 15°。

44. 茶园的水利网设计有何要求，如何合理设计茶园水利网？

茶园的水利网应具有保水、供水和排水 3 个功能。结合规划道路网，把沟、渠、塘、池、库及机埠等水利设施统一安排，要沟渠相通，渠塘相连，雨多时水有去向，雨少时能及时供水。各项设施需有利于茶园机械管理，须适合某些工序自动化要求。包括以下 6 个项目。

(1) 渠道。主要作用是引水进园，蓄水防冲及排除渍水等。分干渠和支渠。坡地茶园应尽可能地把干渠抬高或设在山脊。渠道应沿茶园干道或支道设置，按等高开设的渠道。

(2) 主沟。是茶园内连接渠道和支沟的纵沟，在降水量大时，能汇集支沟余水入塘、池、库，需水时能引水送入支沟。对于平地茶园，主沟还应发挥降低地下水位的作用。坡地茶园的主沟，沟内应有缓冲与拦水工程。

(3) 支沟。与茶行平行设置，缓坡地茶园视具体情况开设，梯级茶园则在梯内坎脚下设置，宜开成"竹节"沟。

(4) 隔离沟。在茶园与林地、荒地及其他耕地交界处设隔离沟，以免树根、杂料等侵入园内，并防止下大雨时园外洪水直接冲入茶园。随时注意把隔离沟中的水流引入塘、池或水库。

(5) 沉沙凼。园内沟道相接处需设置沉沙凼，主支沟道力求沟沟相接，以利流水畅通。

（6）水库、塘、池。根据茶园面积大小，需要设置一定的水量贮藏。在茶园范围内开设塘、池贮水待用，原有水塘应尽量保留。

贮水、输水及提水设备要紧密衔接。水利网设置，不能妨碍茶园耕作管理机具行驶，也需考虑现代化灌溉工程的要求。

45. 茶园防护林种植有何要求？

以抵御自然灾害为主的防护带，须设主、副林带；在挡风面与风向垂直或呈一定角度（不大于 45°角）处设主林带，为节省用地，可安排在山脊、山凹；在茶园沟渠、道路两旁植树做副林带，两者构成一个防护网。防护林的防护效果，一般为林带高度的 15～20 倍，有的可到 25 倍，如树高可维持 20 米，就可按 400～500 米距离安排一条主林带，栽乔木型树种 2～3 行，行距 2～3 米，株距 1.0～1.5 米，前后交错，栽成三角形，两旁栽灌木型树种。

46. 茶园遮阴树种植有何要求？

茶园种植遮阴树可以保持水土，改善小区气候，冬季减轻大风和严寒的侵袭，夏季增加空气湿度，有利于茶树生长，提高鲜叶产量和质量。适宜在茶园中种植的树种应有如下特点：树体高大，分枝较高，枝叶分布适中，秋冬季落叶，根系分布在土层 50 厘米以下，根系分泌物呈酸性，与茶树无共同病虫害，具有一定经济价值。茶园种植遮阴树的密度应随树种和茶园类型而异，并可通过疏枝来调节遮阴幅度。

47. 平地及缓坡地如何开垦成茶园？

平地及坡度 15°以内的缓坡茶园，根据道路、水沟等可分段进行，并要沿等高线横向开垦，以使坡面相对一致。若坡面不规则，应按"大弯随势，小弯取直"的原则开垦。如果有局部地面因水土流失而形成"剥皮山"，应添加客土，使表土层厚度达到种植要求。

生荒地一般要进行初垦和复垦。初垦一年四季均可进行，其中以夏、冬更宜，利用烈日暴晒或严寒冰冻，促使土壤风化。初垦深度为 50 厘米左右，土块不必打碎，以利蓄水；但必须将柴根、竹鞭、金刚刺等多年生草根清除出园，将杂草理出成堆集于地面，并防止杂草复活。复垦应在茶树种植前进行，深度为 30～40 厘米，并敲碎土块，再次清除草根，以便开沟种植。熟地一般只进行复垦。

48. 山地梯级茶园建设的基本原则是什么？

坡度大于 15°的山地茶园，须建立梯级茶园，以消除或减缓地表坡度，利于保水、保土、保肥。梯级茶园建设原则有以下 5 方面。

（1）梯面宽度要便于日常作业，更要考虑适于机械作业。

（2）茶园建成后，要能最大限度地控制水土流失，下雨能保水，需水能灌溉。

（3）梯田长度 60～80 米，同梯等宽，大弯随势，小弯取直。

（4）梯田外高内低（坡度呈 2°～3°），外埂内沟，梯梯接路，沟沟相通。

（5）施工开梯田，要尽量保存表土，回沟植茶。

49. 如何建设等高梯层茶园？

梯面宽度不得小于 1.5 米，梯壁不宜过高。等高梯层茶园修筑布置措施如下。

（1）测出筑坎（梯壁）基线。 在坡的上方选择有代表性的地方作为基点，用步工或简易三角规测定器测出等高基线，使梯壁筑成后梯面基本等高，宽窄相仿。然后在第一条基线坡度最陡处用与设计梯面等宽的水平竹竿悬挂重锤以定出第二条基线的基点，再按前述方法测出第二条基线……直至主坡最下方。

（2）修筑梯坎。 通常采用自下往上逐层施工，这样便于"心土筑埂，表土回沟"。首先以梯壁基线为中心，清去表土，挖至心土，挖成宽 50 厘米左右的斜坡坎基，如用泥土筑梯，先从基脚旁挖坑取土，至梯壁筑到一定高度后，再从本梯内侧取土，一直筑成，边筑边踩边夯，筑成后，要选择泥土湿润适度时，锤紧梯壁。

筑草砖梯壁同上法，挖出倒坡基坎，踏实夯紧，若就地取材，即在本梯内挖取草砖。草砖长 40 厘米、宽 26～33 厘米、厚 6～10 厘米。修筑时将草砖分层顺次倒置于坎基上，上层砖应紧压在下层砖接头

上，接头扣紧，如有缺角裂缝，必须填土打紧，做到边砌砖、边修整、边挖土、边填土，一次逐层叠成梯壁。

(3) 整理梯面。先找到开挖点，即不挖不填的地点，以此为依据，取高填低，填土的部分应略高于取土部分，其中要特别注意挖松靠近内侧的底土，挖深60厘米以上，施入有机肥，以免影响靠近基脚部分的茶树生长。

50. 何为低产茶园？

低产茶园是指产量低、经济效益不高的茶园。确定茶园低产指标的原则：一是以单产水平为准，在一个地区或一个单位，把低于平均单产的茶园列为低产茶园；二是以经济效益为依据，通常把品种低劣、老茶园、旧茶园、未老先衰和经济效益不高茶园列为低产茶园。

51. 低产茶园如何改造？

低产茶园中的一些茶树育芽能力减弱，新梢节间变短，对夹叶增多，叶小而薄，通过改树、改土、改园和改善管理等技术措施，还可以焕发生机，从而延缓衰老，提高茶叶产量、品质和经济效益。经过若干次改造，采用常规措施无法恢复树势的低产茶园，应进行改植换种。

低产茶园改造的主要技术是"三改一补"，即改园、改土、改树和补密换种。

(1) 改园。对于缺株多、行距不合理、树龄老、品种陈旧和规划设计欠合理、须重新平整的茶园，宜采用改植换种措施，即一次性挖除老茶树，按新茶园建设标准重新规划设计和开垦。

(2) 改土。改良土壤是改造低产茶园的基础。对于开垦时深挖不够、土层浅薄、土壤黏重、土壤结构紧实的茶园，通过深耕及增施有机肥料（土层浅、土质差的还可采取客土改良），加深土层、疏松土壤、提高肥力，形成深厚肥沃的耕作层。改土最好在改树前深耕下基肥，也可与改树或改园同时进行。两行以上的茶园，在茶树行间深耕30厘米左右，单行梯层应在茶树内侧深耕。深耕时，应尽量将表土埋入底层，把底土翻到表层，使其自然风化。对部分粗老侧根，还可适当切断更新。在深翻同时，可于茶树两侧开沟施肥。

(3) 改树。茶树在自然生长条件下，自壮年期进入老年期后，活力衰退、长势下降，往往靠自然更新（即老枝枯亡、新枝再生的交替作用）维持生长。因此，应根据树势衰老程度，"因树制宜"地采用台刈（彩图3）或重修剪（彩图4），改变茶树衰老与低产现象，更新树冠，促使树势复壮，扩大采摘面，提高产量。刈、剪时期应根据当地气候条件、虫害发生时期与采摘习惯等而定，一般以春茶前刈、剪较好，但为照顾当年产量，可在春茶采茶结束后及时进行。高山严寒茶区，冬季不宜刈、剪，以防冻伤冻死茶树。

(4) 补密换种。"密"与"种"是丰产的前提。缺株多的或稀植茶园，要适当补密、补足，增加单位面积的种植株数。补植方法：可就地用新梢压条补植，也可用同品种的大茶苗或大树补植。补植最好在台刈或重修剪后的当年秋冬季或翌年春季进行。补植时，应注意质量，先挖深穴，把底土翻上来，填下表土（或填上客土），并施基肥，同时选用壮苗带土移栽，压紧根际土壤。

52. 低产茶园改造后如何管理？

低产茶园的改造提高了茶园水、肥、土的积蓄能力，改善了茶树生长发育的环境条件，为高产稳产打下基础。但是，能否实现持续高产稳产，还要看改后的管理情况。肥管条件好，剪、养、采得当，树势复壮就快，产量就高，而且持续年限长。若改后管理不善，采养不当，反而会加快树势衰老，产量不会提高，甚至比改前还低。因此，改后茶园必须采取肥、管、养、采、保相结合的措施，认真加强水肥管理与合理采养等。台刈、重修剪后的茶树，除改造时应施好有机肥等基肥外，在茶季中，还应分批、多次增施速效氮肥，以促进新梢快速生长与分枝。在勤耕锄、多施肥的基础上，改树后的1～2年还应特别注意培养树势，前期应以留养为主，并配合轻剪整形，扩大树冠；同时注意病虫害的及时防治。新的高产稳产树冠基本养成后，才可逐步投入正常的管理与采养工作。对补植或换种后的幼龄树应特别加强管理与剪、采、养相结合的护养工作，以加速幼龄树的成长。

对部分未老先衰、树势低矮的茶树，亦可在改园、改土与加强管理

的基础上，采取封园留养与合理采养的办法，以复壮树势，提高单产。

（二）茶树栽植与幼龄茶园管理

53. 茶树栽植前茶园深垦有何作用？

茶树成园速度及成园后能否持续高产稳产，与茶树栽植前深垦和基肥施用有关。栽前深垦既加深了土层，直接为茶树根系扩展创造了良好条件，又能促使土壤理化性状发生一系列变化，提高土壤蓄水保肥能力，为茶树生长提供良好的水、肥、气、热条件；深垦结合施入一定量的有机肥作为底肥，更能发挥深垦的作用。经过深垦后的茶园，平整地面后，按规定行距，开深 40～50 厘米、宽 30～40 厘米种植沟，进行底肥的施用。

54. 茶园底肥如何施用？

按快速成园的要求，茶园底肥应包括大量的土杂肥或厩肥等有机肥料和一定数量的磷肥，分层施入作为底肥。按大多数丰产栽培的情况，栽前每公顷以土杂肥为基肥应不少于 37.5 吨，磷肥 1.5 吨，结合深垦，分层施于种植沟中。

55. 茶苗出圃的标准是什么？

无性系大叶品种一年生Ⅰ级扦插苗要求纯度 100％，苗高≥30 厘米，茎粗≥4.0 毫米，侧根数≥3；无性系大叶品种一年生Ⅱ级扦插苗要求纯度 100％，苗高≥25 厘米，茎粗≥2.5 毫米，侧根数≥2；无性系中小叶品种一年生Ⅰ级扦插苗要求纯度 100％，苗高≥30 厘米，茎粗≥3.0 毫米，侧根数≥3；无性系中小叶品种一年生Ⅱ级扦插苗要求纯度 100％，苗高≥20 厘米，茎粗≥2.0 毫米，侧根数≥2。

56. 茶苗在什么时间移栽较适宜？

茶苗栽种时期一般以幼苗休眠期为宜。秋栽以寒露、霜降前后的小阳春气候为好；春栽以立春至惊蛰为好；栽植应选择在阴天或雨后土壤湿润时进行。

57. 茶苗移栽过程应该注意哪些问题？

茶苗移栽时应尽量多带土，不损伤根部。如茶苗太高，可在移栽前离地 25～30 厘米处进行修剪。茶苗入土深度应比其在苗圃时深些。栽种时，让根自然伸展；而后覆土、压紧、踏实，最后覆盖一层松土，保持 10～15 厘米浅沟。

58. 茶苗移栽后应该注意哪些问题？

茶苗移栽后，既怕旱、又怕晒，要保证茶苗成活率，必须及时做好除草保苗、浅耕保水、适时施肥、遮阴、灌溉等工作。

59. 幼龄茶园如何施肥？

幼龄茶园因尚未开采，耗氮量不多，以培养健壮骨架与庞大根系为主要任务，肥料施用中应增加磷、钾肥的比重。幼龄茶树生长迅速，必须随着树龄的增长来提高施肥水平，否则茶树生长会受到抑制。一般幼龄茶园的氮磷钾比例可采用 1：1：1，1～2 龄茶园每亩*纯氮用量 3～5 千克，3～4 龄茶园每亩纯氮用量 5～10 千克。

60. 幼龄茶树如何定型修剪？

茶树幼年期顶端生长势强，若任其自然生长，则顶芽生长旺盛，侧枝不多，有少数几个分枝，也是细而短，进而导致分枝部位高且分枝稀疏，不可能形成密集的树冠生产枝层。通过定型修剪，改变茶树自然生长型，加速合轴分枝发展，分枝部位压低，分枝能力加强，有利于迅速形成宽大的树冠面。

一般来说，常规茶园需要 3～4 次定型修剪以培养高产优质采摘树冠。①定剪时间：一年春、夏、秋季皆可，但以春茶茶芽萌发前的早春，即 2—3 月为宜，冬季不适宜定型修剪；一些生长迅速的品种还可于 7 月进行第二次定剪，即 1 年可剪 2 次。②定剪高度：因茶树品种及茶树生长情况不同而不同。第一次定剪在茶树高 30 厘米以上

---

* 亩为非法定计量单位，1 亩＝1/15 公顷。本书余后同。——编者注

时进行，于茶树离地 15～20 厘米处水平剪去；第二次在原剪口处提高 15～20 厘米（离地 30～40 厘米）的地方剪去；第三次于茶树离地 55～60 厘米处剪去；第四次在离地 60～70 厘米处剪为弧形或水平形，培养采摘面。③定剪次数：根据茶树品种、茶树高度与分枝情况而定。新种植茶树需要 3～4 次定剪，一般 1 年定剪 1 次，如茶园土壤肥沃，茶树生长迅速，亦可 1 年定剪 2 次。

61. 幼龄茶树是否可以采摘，如何采摘？

幼龄茶树正值培养树冠的阶段，1～3 龄的茶树基本不采，留有较多的叶片，保证茶树有较大的叶面积进行光合作用，累积有机物质，培养粗壮的骨干枝；部分长势较好幼龄茶园进行打顶采后，需及时进行定型修剪，忌"以采代剪"。3～4 龄的茶树为扩大树冠面，结合修剪，可进行"打顶养蓬"，从生长量较大的成熟新梢上采下顶芽，促进分枝。4 龄以后的茶树视其长势不同，采取不同的采摘标准，若树势良好，树冠面宽，可多采些（少留叶），若树势较差，仍应注意留养。

62. 幼龄茶园套种绿肥利弊有哪些？

茶园间作套种绿肥的作用是多方面的，主要有：①茶园绿肥大多属于豆科作物，一般能和根瘤菌共生，固定空气中的氮素，不断提高茶园土壤的含氮水平；②绿肥含有很高的有机质，翻埋之后可提高土壤有机质含量，对改良土壤理化性状有良好作用；③绿肥来源广泛，成本低，有的还可以护坎间作，也可专门开辟绿肥基地等广泛种植，这对防止水土流失、保护梯坎等都有良好的效果。

幼龄茶园间作绿肥对茶苗生长也有不利的一面，主要表现在：绿肥后期生长迅速，吸水吸肥能力强，易与茶苗争肥、争水和争光，给茶苗生长带来不利的影响。因此，必须因地制宜地合理选择适合茶园的绿肥品种，并加强间作绿肥的科学管理，减弱不利影响，充分发挥间作绿肥的增产效果。

63. 幼龄茶园适宜套种的绿肥有哪些？

我国茶区广大，绿肥品种众多，经广大茶区的引种试种和长期的茶叶生产实践，筛选出部分适宜幼龄茶园套种的绿肥品种（彩图5），详见表2-1。

表2-1 适宜茶园种植的部分绿肥品种

绿肥品种名称	种植部位	种植季节
大豆	园面	夏秋
绿豆	园面	夏秋
圆叶决明	园面、梯壁	夏秋
花生	园面	夏秋
鼠茅草	园面	冬春
三叶草	园面	冬春
油菜	园面	冬春
箭筈豌豆	园面	冬春
光叶苕子	园面	冬春
毛叶苕子	园面	冬春
紫花苜蓿	园面	冬春
小葵子	园面	冬春
黑麦草	园面	冬春
紫云英	园面	冬春
爬兰	园面、梯壁	周年
百喜草	梯壁	周年
萱草	园面、梯壁	周年

（三）茶树土壤管理

64. 茶园土壤耕作分为哪几种类型，分别在什么时间进行？

根据茶园耕作的时间、目的、要求不同，可分为生产季的耕作和非生产季的耕作。

（1）生产季的耕作。通常指中耕与浅锄，生产季的耕作主要作用有3个方面：①适时保蓄水分。降水前土壤的透水性良好，而降水后

土壤中的毛细管被及时切断，有效减弱地面蒸发作用。②及时除草，减少土壤中养分和水分的消耗。茶园生产季也是杂草生长茂盛的季节，杂草的繁盛必然要消耗大量的水分和有效态养分，对茶园生产不利。③减少土壤板结，改善土壤通透性。在生产季除了降水促使土壤表层板结外，茶园工作人员不断进行采摘等管理，土壤被踩踏板结，结构遭到破坏，土壤通透性变差，及时耕锄可改变土壤状态，为根系吸收营养、伸展创造有利的环境条件。

(2) 非生产季的耕作。通常指茶园深耕，深耕对茶园的主要益处有2个方面：①深耕可以增加土壤的孔隙度，降低土壤容重，从而使土壤的含水量增加，这些物理性状的改变，对改良土壤结构、提高土壤肥力，有着积极的作用。②深耕促进土壤上下翻动，促进了底土的熟化过程，同时把杂草等埋入土中腐烂分解，等于施了1次绿肥，不但提高了土壤肥力，对茶树的生长发育也起到了积极的作用。

65. 茶园如何进行生产季的耕作?

茶园生产季适宜进行中耕（15厘米以内）或浅锄（2～5厘米）（彩图6），以免损伤茶树的吸收根系。耕锄次数主要根据杂草发生数量和土壤板结程度、降水情况而确定。一般专业性茶园每年进行3～5次耕锄，其中必不可少的有春茶前中耕、春茶后浅锄及夏茶后浅锄。

(1) 春茶前中耕。早春土温较低，此时耕作既可以疏松土壤，使表土易于干燥，土温升高，又可消除早春杂草，结合施催芽肥，促进春茶提早萌发。春茶前中耕深度一般为10～15厘米，并在中耕时把秋冬季茶树根颈部防冻时所培高的土壤扒开，平整地面，同时清理排水沟。

(2) 春茶后浅锄。此次耕作深度约10厘米，以达到锄去杂草根系、切断毛细管、蓄水保肥的目的。

(3) 夏茶后浅锄。此时天气炎热，夏季杂草生长旺盛，土壤水分蒸发量大，杂草生长又要消耗大量的水分和养分，因此要及时浅锄。此次浅锄深度为4～7厘米。

66. 茶园如何进行深耕?

茶园深耕的深度和范围等必须首先考虑茶树根系的分布情况,条栽的茶园,行间根系分布多,深耕的深度应浅一些,一般为 15~20 厘米,丛栽的茶园和肥培管理较差的茶园,行间根系分布少,深耕可以深些,达 25~30 厘米,同时要掌握丛边浅、行间深的原则。衰老茶树的侧根分布不多,已呈向心生长的,为了改善根系分布状况,可以适当深耕,破坏一部分根系以促进根系更新。肥培管理好,茶树封行,耕作层土壤肥沃、有机质含量高、比较疏松、富有团粒结构的茶园可以不深耕,避免因耕得太深破坏土壤结构。通常深耕时间为全年茶季生产结束后、封园前,深耕可结合基肥施用同时进行。

67. 杂草对茶叶生产有何影响,茶园如何除草?

杂草会与茶树争肥、争水,轻则影响茶树生长,重则造成茶树衰败,导致产量下降。直播或者移植不久的茶苗,根系弱小,吸收力不强,更易受到杂草争肥、争水的危害。此时期,若管理稍不及时,杂草就会丛生,甚至盖没茶苗,使茶苗黄瘦低矮,缺株增多,严重影响茶苗生长和投产。杂草又易成为茶蚜、螨类、蓑蛾、叶蝉等虫害的藏匿场所,而且有些杂草本身就是直接寄生或攀附缠绕在茶树上,危害茶树,还妨碍采摘等作业进行。

杂草生活力极强,能够适应各种条件,因此不易除灭。杂草繁殖能力极强,产生种子数量多,有的以根、茎、地下茎等方式繁殖,一经切断,即成分株,仍可重新猖獗危害;杂草还具有容易传播的特点,通过风吹、水流、动物携带等方式从茶园以外地方传入。因此,必须根据杂草的种类组成及其危害特点,采用快速手段,抓住有利条件,突击消灭或抑制,并且 1 年之内进行多次除草工作,这样才能减轻其危害程度。茶园通常可通过人工除草、化学除草(除草剂)等方式除灭杂草,也可以通过铺草覆盖或铺设防草布等方式抑制杂草生长。

68. 铺草覆盖对茶园有何益处,如何进行铺草覆盖?

茶园铺草是一项用途广泛、效果良好的栽培技术(彩图 7),主

要益处有：保持水土，提高土壤水分含量；增加土壤有机质含量，改善土壤理化性状；促进茶树生长，提高茶叶品质。

茶园铺草技术如下：①草源。茶园铺草取材应因地制宜，可以使用稻草、蒿秆、多种间作作物残茬及其他野草等作草源。②铺草标准。从厚度来看，以铺后不见土面为原则，最好铺满全园；若草源有限也可以只铺茶丛附近，或优先满足土壤保水性差和茶树覆盖度小的茶园。③铺草时间。以保水防旱为主要目的的茶园，宜在旱热季到来之前铺草，一般在春茶结束、浅锄施肥之后紧接着进行；在高山区或高纬度茶区既有旱害也有严重寒害的茶园，铺草最好全年进行，可减少中耕松土与除草的次数。春夏之交铺得草一般在9—10月结合秋耕深埋土中，秋冬铺草可于翌年春耕时进行翻埋，也可隔年翻埋1次。

69. 生草栽培（生物覆盖）对茶园土壤有何益处，如何进行生草栽培？

生草栽培（生物覆盖）对茶园土壤的益处主要有：防止土壤冲刷，保持水土；旱季降温，减少热害；增加土壤养分及有机质含量；改善土壤结构，促使茶树根系分布；增加茶叶产量和节省劳力。

生草栽培以幼龄茶园最为适宜，更适宜于新开辟的茶园，可以有计划地选择2~3种草种搭配种植。草种的适应性要强，长得不用太高大，而且以多年生、吸肥力弱、生产草量多为好。种草后不必进行中耕除草，如非人为种植的杂草过多，可在4—5月拔除。进行生草栽培时要注意适时刈割，一般在离地面6~10厘米处刈割，让残留部分继续抽生。

70. 提高茶园土壤有机质含量的主要方法有哪些？

茶园土壤的有机质含量对土壤的理化性状有极大影响，有机质含量是茶园土壤熟化度和肥力的重要指标，高产优质的茶园其土壤有机质含量要达到2.0%以上。提高茶园土壤有机质含量的主要方法有以下4种。

（1）**茶园合理开垦及种植。** 坡地茶园开垦种植沟的过程中，一定要采取等高开垦的方式，避免顺坡挖沟，实现涵养水源、保持土壤肥力的目的，同时还要施足底肥，为茶树的生长提供充足的养料。

(2) 增施有机肥。有机肥是土壤中有机质的重要来源，施入土壤后，经过土壤微生物的分解，逐步转化成土壤腐殖质，促进土壤结构改良、提高土壤胶体吸附能力，有利于提高土壤的保水、保肥性能。

(3) 推广茶园覆盖技术。在幼龄茶园中合理套种绿肥，实现茶园绿色覆盖，可以提升茶园土壤有机质的含量。在茶园行间采用秸秆等农业废弃有机物进行园面覆盖，可有效保水、保土、保肥，还能增加土壤有机质含量，限制杂草生长。

(4) 新型碳基材料的应用。最新研究表明，生物质炭施入茶园土壤后可长期固持，扩容茶园土壤碳库，同时起到调节土壤酸碱度、改善土壤理化性状的作用。施用生物质炭或茶树专用生物炭基肥，可显著提高土壤有机质含量，平衡土壤营养成分。

71. 优化土壤生态的主要技术有哪些？

(1) 用有机肥替代部分化肥，施用符合标准的堆肥、有机肥、生物菌肥等，不使用城镇污水、污泥及其制成的肥料。土壤环境是一个复杂的生态系统，由多种微生物群落组成。有机肥中含有多种有机物质，这些物质能够为不同的微生物提供不同的生长条件，从而改变微生物的群落结构；有机肥中还含有多种酶类物质，这些物质能够分解土壤中的有机物质，从而提供更多的养分和能量，促进微生物的生长和繁殖，提高微生物抗性。同时，有机肥中含有多种生物活性物质，这些物质能够提高微生物的抗逆能力，使得微生物能够更好地适应复杂的土壤环境。

(2) 行间宜铺草覆盖或套种绿肥。茶园铺草或套种绿肥，可提高土壤肥力，防止茶园水土流失和增强茶树对不良环境的抵抗能力。

(3) 结合除草和施肥进行土壤耕作，宜每年或隔年进行 1 次深耕作业。深翻可以增加茶园土壤的孔隙度，降低土壤容重，从而使土壤的含水量和通透性提高，加速土壤有机质周转，促进茶园底土的腐熟。

(4) 使用土壤调理剂、增施有机肥及采用其他生物措施，对 pH 低于 4.0 或高于 5.5 的茶园土壤进行改良。

72. 茶园酸化土壤改良的主要技术有哪些？

茶树喜酸性土壤，适宜生长的土壤 pH 是 4.0～6.5，最适宜 pH 为 5.0～5.5。茶树栽培过程中，尤其是施肥会使土壤逐渐酸化，影响养分吸收。因此，生产中必须时刻注意茶园土壤 pH 的变化，当土壤 pH 小于 4.0 时，建议进行土壤酸度调整。

生产上，通常采用白云石粉进行茶园酸化土壤改良。一般做法为：土壤 pH 在 3.5～4.0 时，每亩茶园施用过 80～100 目筛网的白云石粉 100 千克；土壤 pH 在 3.5 以下时，亩施 150 千克；白云石粉在秋季耕作时施入或春茶后施入，每年 1 次，根据土壤 pH 的实际回升情况，确定是否再施，合理掌握施用次数和用量，当土壤 pH 提高到 4.5 以上时，可暂停使用，再增施有机肥以缓解土壤酸化。

采用白云石粉改良茶园酸化土壤时应注意：①土壤潜性酸和 pH、有机质含量、盐基饱和度、土壤质地等是影响白云石粉用量的主要因素，实际应用时要根据土壤性质来确定具体用量和施用次数。②白云石是碳酸钙和碳酸镁以等分子比的结晶碳酸钙镁，溶解度小，在土壤剖面上下的移动性很低，对底层土壤的酸度改良效果差；建议酸化茶园在实施改良技术后，秋季茶园耕作要适当增加深度，以 30 厘米以上为宜。③在施用白云石粉改良酸化茶园土壤时，应注意与其他生理中性或碱性肥料配合使用；同时，还应做到平衡施肥，注重有机肥和无机肥相结合的施肥结构，通过增施有机肥提高土壤缓冲能力来缓解土壤酸化，维持改良效果，防止酸化恢复。

73. 增强茶园土壤蓄水能力有哪些措施？

（1）土壤选择。不同土壤具有不同的保蓄水能力，或者说有效水含量不一样，黏土和壤土的有效水范围大，沙土的有效水范围较小。建园时应选择适宜的土壤类型，并注意有效土层的厚度和坡度等，为今后的茶园保水工作提供良好的基础。

（2）深耕改土。凡能加深有效土层厚度和改良土壤质地的措施（如深耕、客土、增施有机肥等）均能显著提高茶园土壤的保蓄水能力。

（3）**健全保蓄水设施**。坡地茶园上方和茶园内加设截水横沟，并做成"竹节"沟形式，能有效地拦截地表径流，雨水蓄积于沟内，再徐徐渗入土壤，也是有效的茶园蓄水方式。新建茶园应用水平梯田式，能显著扩大茶园蓄水能力。山坡坡段较长时可适当增加蓄水池，对提升茶园蓄水能力也有一定作用。

74. 减少茶园土壤水分散失主要有哪些措施？

（1）**地面覆盖**。减少茶园土壤水分散失的办法有很多，其中最好的是地面覆盖，最常用的方法是铺草覆盖。

（2）**合理布置种植行**。茶树种植的形式和密度对茶园内承受降水的水土流失程度有较大的关系。一般是丛式大于条列式，单条植大于双条植或多条植，稀植大于密植；顺坡种植茶行大于横坡种植茶行；尤其是幼龄茶园和行距过宽、地面裸露度大的成龄茶园水土流失严重。

（3）**合理间作**。虽然茶园间作物本身要消耗一部分土壤水分，但相对裸露地面，仍可不同程度地减轻水土流失，坡度越大，减缓作用越显著。

（4）**耕锄保水**。及时中耕除草，不仅可免除杂草对水分的消耗，而且可有效减少土壤水分的直接蒸散。但中耕必须合理，不宜在旱象严重、土壤水分很少的情况下进行，会因为锄挖时带动根系而影响其吸水功能，加重植株缺水症状，幼龄茶园中耕时尤需注意。最好在雨后土壤湿润且表土宜耕的情况下进行中耕。

（5）**造林保水**。在茶园附近尤其是坡地茶园的上方适当营造行道树、水土保持林，或园内栽遮阴树，不仅能涵养水源，而且能有效增加空气湿度，降低风速和减少日光直射时间，从而减弱地面蒸发。

（6）**合理运用其他管理措施**。适当修剪一部分枝叶以减少茶树蒸腾。通过定型和整形修剪迅速扩大茶树本身对地面的覆盖度，不仅能减少杂草生长和地面蒸散耗水，而且能有效阻止地面径流。施用农家有机肥能有效改善茶园土壤结构，提高土壤的保蓄水能力。

（7）**抗蒸腾剂**。施用具有降低茶树蒸腾失水作用的化合物来减少茶园水分蒸散。

75. 茶园灌溉水有何要求？

茶园灌溉用水要求含盐量少，呈微酸性，无泥沙，水温适宜。中华人民共和国农业行业标准《茶叶产地环境技术条件》（NY/T 853—2014）和《茶叶生产技术规程》（NY/T 5018—2015）对茶园灌溉水质量要求规定如表2-2所示。

表2-2　茶园灌溉水质量

项目	浓度限值
pH	5.5～7.5
总汞（毫克/升）≤	0.001
总镉（毫克/升）≤	0.005
总铅（毫克/升）≤	0.10
总砷（毫克/升）≤	0.10
铬（六价）（毫克/升）≤	0.10
氟化物（毫克/升）≤	2.0

76. 茶园灌溉方式有哪些？

（1）浇灌。 浇灌是一种最原始的、劳动强度最大的补水方式。不宜大面积采用，仅在未修建其他灌溉设施、临时抗旱时局部应用，但一定程度上具有水土流失小、节约用水等作用。

（2）流灌。 流灌是靠沟、渠、塘（水库）或抽水机埠等组成的灌溉系统进行的。茶园流灌能做到一次彻底解除土壤干旱问题。但水的有效利用系数低，灌溉均匀度差，容易导致水土流失，且庞大的渠系占地面积大，影响耕地利用率。

（3）喷灌。 喷灌是目前普遍采用的灌溉方式，主要分为移动式喷灌、固定式喷灌和半固定式喷灌。①移动式喷灌是将柴油机或电动机、水泵、管道、喷头等组装成一个整体机组，装于小车或可抬机架上，是能自由移动的喷灌系统。机动性强，投资少。②固定式喷灌是由水源、动力机、水泵构成泵站，或利用足够高度自然水头，干管、支管甚至喷头均固定安装组成的固定喷灌系统。操作简便，机械化、自动化程度高，但一次投资和耗材多。

（4）滴灌。水在一定的水头作用下通过一系列管道系统，进入埋于茶行间（或置于地表）的毛管（最后一级输水管），再经毛管上的吐水孔（或滴头）缓缓渗入（或滴入）根际土壤，以补充土壤水分的不足。

77. 茶园排水不畅对茶树生长有何影响？

茶树是喜湿怕涝、喜温怕热的作物。排水不良或地下水位过高的茶园，特别是新建茶园，易发生茶苗死亡的现象；成龄茶园会发生茶树连片生育不良，产量降低的现象，严重时甚至会使茶树死亡。

（1）湿害发生时，先损害茶树根系，深处的根系先受害，不久，较细的根系也开始受伤，粗根表皮略显黑色，继而根系开始腐烂，粗根内部变黑，最终粗根全部变黑枯死。

（2）根系的损害导致地上部由嫩至老、从叶到茎的损害，先是嫩叶现黄现暗，进而芽叶萎缩、脱落，受害茶树芽叶失绿黄瘦，短小稀疏，分枝稀少发白、树势矮小多病、生长缓慢甚至停止生长，有的逐渐枯死。

茶树湿害发展快，显现慢，当从茶园表面上发现严重的湿害症状时，茶树的损害几乎无法挽回。因此，事先预防，及早发现，及时排除极为重要。

78. 哪些茶园易遭受湿害？

（1）土地不平整的茶园低处易发生茶树湿害，特别是当低洼处土层浅、透水性差时，高处的地表径流和地下重力水多集中于此，抬高地下水位，甚至有时水位高出地面。生长在这样地方的茶树在雨季和雨后的一段时间内生长势差、萌芽迟，只是在少雨季节开始后才能有所好转。

（2）表土层下有不透水层的茶园，如红壤地区由于长期的氧化还原作用和淋溶作用，茶园土壤下层大多早已形成铁锰结核的硬盘层，有的土壤下是母岩，他们具有难透水或不透水性。雨季时，土壤中重

力水便在这种不透水层的凹地淤积起来，造成湿害。山间稻田改建茶园易发生此类湿害。

（3）部分坡脚茶园，当雨水过多时，土壤中的大量重力水（又称饱和水）便沿山坡土层下板岩的自然坡面由上而下移动，至坡脚处由于坡度减缓，水移速度大幅降低，如果这里的土壤透水性差，水流前进方向受到某种阻力（如坚硬路基或水田水位侧压），土壤中便常停滞过量的水，从而危害茶树。

（4）部分坝下或塘基下的茶园，由于修建时夯实不够或其他原因而导致塘坝中的水渗入茶园土壤，形成过高的地下水位，引起常年性湿害。

（5）两山之间或谷地中央往往有地下暗流经过（或过多的重力水潜移），如某处岩层阻隔，水位便迅速上升，在这样的地方种植茶树易发生湿害。

凡易发生湿害的茶园要因地制宜地做好排湿工作。排湿的根本方法是开深沟排水，降低地下水位。

79. 如何进行茶园排水？

（1）**开沟排水**。采取就近开沟、尽快排水的方法，将积水排出茶园，减少水在茶园中的渗透时间。

（2）**完善排水沟系统**。沟渠配套，排出地面水，降低地下水位。开沟排水，明、暗沟结合，在靠近水库、塘坝下方的茶园，应在交接处就开设深的横截沟，切断渗水。对于地形低洼的茶园，应该多开横排水沟，茶园四周的排水沟深度应为 60～80 厘米。对少量低洼茶园，通过挑客土来填高或抬高茶园地平面；切断渗透水来源，在渗水上方开挖深 1～1.2 米的沟。

（3）**增施有机肥**。增施有机肥有利于茶园有机质含量提高，促进铁的淋溶损失，减轻茶园有毒物质的积累，预防湿害的发生。

（四）茶树树体管理与茶叶采摘

80. 投产茶园茶树如何进行轻修剪？

轻修剪是在完成茶树定型修剪后，培养和维持茶树冠面整齐、平整，调节生产枝数量和粗壮度，便于采摘、管理的一项重要修剪措施（彩图8），实践中还可更细地分为修平、修面等不同名称。修平只是将茶树冠面上突出的部分枝叶剪去，整平树冠面，修剪程度较浅；修面则剪去茶树生长年度内部分枝叶，修剪程度稍重。

由于各地生态条件、品种、茶树的生长等差别较大，轻修剪必须根据茶园所在地的具体情况酌情应用。如气候温暖、肥培管理好的茶园，茶树生长量大，轻修剪可剪得重些；如采摘留叶少，叶层较薄的茶园，应剪得轻一些，以免过度骤减叶面积；生长势较强，蓬面枝梢分布合理而气候较冷的茶园，可剪轻一些，将受冻叶层、枯枝等剪去即可。

通常在掌握轻修剪程度恰当的情况下，以每年进行1次轻修剪为宜。轻修剪时必须考虑树冠面保持一定的形状，一般应用最多、效果较好的是水平形、弧形两种。

81. 茶树在什么情况下需要进行深修剪，如何进行深修剪？

茶树树冠经过多次的轻剪和采摘后，树冠面上的分枝愈分愈细，生长的枝梢细弱而又密集，形成"鸡爪"枝（又称结节枝），阻碍营养物质输送，使茶树的枯枝率上升。这些枝条本身细小，所萌发的芽叶瘦小，不正常新梢增加，育芽能力衰退，新梢生长势减弱，茶叶产量、品质显著下降。这种情况，需用深修剪的方法，除去鸡爪枝，使之重新形成新的枝叶层，恢复并提高产量和品质（彩图9）。

通常深修剪在春茶后进行。深修剪的深度，依鸡爪枝的深度而定，一般为10～15厘米。深修剪后重新形成的生产枝层，较未修剪前的生产枝层要更粗壮、均匀，育芽势强，但仍需在此基础上进行轻修剪，隔几年后再次进行深修剪，修剪程度一次比一次重，使茶树上层分枝保持旺盛的营养生长能力。

82. 茶园怎么开展冬季封园？

每年11月至翌年2月，茶树进入冬季休眠阶段，这段时期是茶树对害虫、病菌抗性最弱的时期，做好茶叶冬季封园管理工作，可以防止茶螨类、蚧类、茶炭疽病、茶煤病以及越冬害虫等多种病虫害发生，降低翌年茶园病虫害发生基数。主要应做好以下 3 个主要环节。

（1）翻耕施肥。茶园结合深耕施用基肥，提高茶树的耐寒性，增加茶树养分积累。促进翌年春茶提前萌发，提高春茶质量，为翌年春茶丰产增收打下基础。翻耕同时减小象甲类害虫、蛴螬以及鳞翅目害虫越冬的种群密度，以减轻翌年茶树病虫危害。

（2）清园。茶叶多种病虫害的病菌、虫卵在茶园枯枝落叶、杂草、病枝病叶上越冬，应及时剪去茶丛下部的枯枝、细弱枝、边脚枝，清除周围的杂草、枯枝落叶、病叶，并集中销毁，减少病虫源。

（3）药剂封园。常用封园药剂为石硫合剂，它是由生石灰、硫黄加水熬制而成的，既能杀菌又能杀虫、杀螨，对防治蚧类、螨类、粉虱类害虫有较为理想的效果。石硫合剂应在茶叶采摘结束后喷施，不能与其他农药混合喷施。喷药时，叶子正反面和茶树中下部枝干应全部喷施。

83. 茶叶采摘标准如何确定？

确定茶叶采摘标准的方法很多，生产上通常以生产的茶类来确定采摘标准。依茶类不同可以分为细嫩采、适中采、成熟采 3 种采摘标准。

（1）细嫩采。各类名优茶的采摘标准。指芽初萌发或初展 1～2 片嫩叶时就采摘的标准，耗工大，产量低，品质佳，季节性强，经济效益较高。

（2）适中采。当前红、绿、白茶最普遍的采摘标准。当新梢伸长到一定程度，采下 1 芽 2 叶、3 叶和细嫩对夹叶，产量和品质较为优越，二者矛盾较小，经济效益较高。

（3）成熟采。一些传统的特种茶所用的采摘标准。乌龙茶采摘标准要待新梢将要成熟，顶芽最后 1 叶刚摊开而带有 4～5 片叶时，采下 1 芽 3、4 叶；黑茶和砖茶等原料，采摘标准则比乌龙茶类还粗老，须待新梢充分成熟，新梢基本已木质化，表现红棕色时，才进行采摘。

生产实践中，可根据新梢生育特点和气象规律，采用多茶类组合生产的方式进行采摘，使得不同地区、不同茶树品种、不同嫩度的鲜叶、不同采茶季节都有最佳的适制茶类的鲜叶原料，充分发挥原料的经济价值。

84. 茶叶开采时期如何把握?

开采有两种含义，一是幼树开采，二是年、季开采。

幼龄茶树开采期依树龄、树势而定。一般茶树经 3～5 年管理、定剪和摘顶养蓬等，树高幅 70 厘米×80 厘米时，就可以开始合理采摘。台刈重剪或经留养、压条复壮的茶树，前期应以养为主，并利用顶芽生长优势，适时分批摘顶，摘高留低，摘中留侧，促进分枝，待树高幅达到标准时方能开始合理采摘。

年、季开采期应根据越冬芽或者其后各轮茶芽萌发期（即鱼叶开展期）、长梢速度、留叶要求与各茶类采摘标准等而定。正常情况下，红绿茶区，当 10％～20％茶梢已达到采摘标准时，即可开采。由于春茶萌发集中、整齐，高峰期明显，茶叶产量占年产量的40％～60％，因此，掌握合适的开采期对提高茶叶产量、品质，以及养树与调节劳动力等，都有好处。大型茶场和栽培无性系品种面积大的茶场，更应注意掌握稍早开采。同时，春茶早、季季早；春茶迟，季季迟。头轮以后的各轮开采期限，可以前一轮后 30～45 天或 35 天左右为参数来推算。

85. 手采茶园如何转成机采茶园?

目前成熟的采茶机械，多数只能采摘树冠面上的芽叶（彩图 10）。如果树冠冠面不平整、发芽不整齐、生长不旺盛，往往影响机采效果，而且也会影响茶叶的质量。因此，必须对机采茶园树冠进行必要的培养，以适应机械采摘。

准备实行机采的茶园，要视茶树的生长势和树冠平整度等具体情况而定。生长健壮、未形成鸡爪枝层，树高 60～80 厘米的青壮龄手采茶园，用修剪机或采茶机整平树冠后可进行机采；树冠高低不平、已形成鸡爪枝层，但茶树中、下部分各级分枝健壮，树高 90 厘米以下的手采茶园，需经过深修剪，适当留养、培养树冠后，方可进行机采；树高在 90 厘米以上或树势衰老，但主干枝健壮的手采茶园，离

地 30～50 厘米进行重修剪，同时改土增肥，培养好机采树冠后，方能进行机采；树龄较大、树势衰败的手采茶园，通过台刈改造，重新培养机采树冠后，才能进行机采。

一般经过深修剪、重修剪、台刈转化成机采茶园的步骤有：①春茶结束后立刻进行重剪（深修剪、重修剪或台刈）；②1～2 个月后进行整形或定型修剪，在比上次剪口高 5～10 厘米处修剪；③在 8～9 月和封园前进行修剪，在比上一次剪口高 10 厘米处修剪，或控制高度 60～80 厘米；④翌年春茶即可进行机采，每次机采后进行整枝修剪，整枝幅度与原蓬面一致；⑤视茶树生长势轮回周期，一般连续 4～5 年后再进行一次深修剪，更新树冠；⑥机采茶园施肥量在常规茶园施量基础上提高 30% 左右。

86. 机采茶园如何修剪？

机采茶园修剪分为年间修剪和树冠更新修剪。①年间修剪。每次机采后 5～7 天，要进行一次掸剪，剪去采摘面上突出的枝叶，使树冠面与原蓬面一致；每年春茶前或春茶后进行轻修剪，修剪深度为 3～5 厘米；每年机采结束后进行一次茶园行间和周边的修剪、整理。②树冠更新修剪。机采茶园一般 4～5 年进行一次深修剪；10 年左右进行一次重修剪；20 年左右进行一次台刈改造。

87. 茶园"两留两禁两减"技术具体是什么？

茶园推广的"两留两禁两减"技术是生态茶园建设的重要管理模式，即茶树留高、梯壁留草，全面禁止使用除草剂、全面禁止购买销售和使用限用农药，减少化学肥料的施用、减少化学农药的使用。

（五）茶园灾后恢复

88. 茶树寒害、冻害后恢复生产的措施有哪些？

寒害是指茶树在生育期间遇到反常的低温而遭受的灾害，受害时温度一般在 0℃ 以上，如春季的寒潮，秋季的寒露风等。冻害是指低空温度或土壤温度短时降至 0℃ 以下，使茶树遭受伤害。茶树不同器官的抗寒能力是不同的，就叶、茎、根各器官而言，抗寒能力依次递增。受冻过程往往表现为：顶部枝叶首先受害，幼叶自叶尖、叶缘开始蔓延至中部；成叶失去光泽、卷缩、焦枯、一碰就掉，一捻就碎，雨天吸水，由卷缩而伸展，叶片吸水呈肿胀状；进而发展到茎部，枝梢干枯，幼苗主干基部树皮开裂；只有在极度严寒的情况下，根部才受害枯死。

茶树一旦遭寒害、冻害，必须因地因树因受冻程度采取相应的救护和复壮措施，使冻害的经济损失降至最低，并及时恢复茶树生机，具体措施有以下 3 个方面。

（1）及时修剪。 茶树受冻后，部分枝叶失去生活力，必须进行修剪，使之重发新枝，培养骨架和采摘面。按茶树受害程度分别对待，原则上将受冻部分剪去即可，为使切口处腋芽（或潜伏芽）能较好萌发，修剪部位在分枝的叉口上 1～2 厘米处较好。修剪时期以早春气温稳定回升时为妥，过早修剪，易遭倒春寒袭击而再次受灾。

（2）浅耕施肥。 解冻后，进行早春浅耕施肥，对于提高地温、培肥地力有重大作用。除追施速效氮肥，促进茶芽萌发和新梢生育，也可施用一些矿质磷、钾肥，增强枝条生长能力。如果根系受害，吸收根冻死，根部施肥效果不佳，可在新发枝上的叶片成熟后，进行根外追肥。

（3）培养树冠。 受冻茶树若采用台刈或重修剪，则需要重新培养树冠，培养要求同衰老茶树改造。

89. 茶树热害、旱害后恢复生产的措施有哪些？

茶树遭受热、旱危害，一般发生在高温干旱季节。在高温干旱的侵袭下，土壤水分迅速减少，茶树开始出现受害症状（彩图 11）。树冠丛面叶片首先受害，先从越冬老叶或春梢的成叶开始，叶片主脉两侧的叶肉泛红，并逐渐形成界限分明，但部位不一的焦斑；随着部分叶肉变红与支脉枯焦，主脉受害，整叶枯焦，叶片内卷直至自行脱落。与此同时，枝条下部成熟较早的叶片出现焦斑，顶芽、嫩梢相继受害，由于体内水分供应不上，茶树顶梢萎蔫，生育无力，幼芽嫩叶短小轻薄，卷缩弯曲，色枯黄、芽焦脆，幼叶脱落，出现大量对夹

叶，茶树发芽轮次减少。随着高温旱情延续，植株受害程度不断加深，受害面积不断扩大，直至植株干枯死亡。热害是旱害的一种特殊表现形式，危害时间短，一般只有几天，但能使植株枝叶很快产生不同程度的灼伤干枯；茶苗受害时自顶部向下干枯，茎脆，轻折易断，根部逐渐枯死，根表皮与木质部之间为褐色。

茶树受热害、旱害后，应结合当地天气预报，待高温干旱基本缓解、茶园土壤湿润后，采用以下技术措施恢复茶树长势。

（1）及时适度修剪。 对于较轻或中度受害的茶树，可不予修剪，留枝养蓬；对于受害较重的茶树，宜按照"照顾多数、同园一致、宜轻不宜重"的原则适度修剪，及时剪去失去活力的受害部分。对表层枝叶枯死的，可在枯死部位下方1～2厘米处进行修剪；对骨干枝受损的，需进行重修剪；对地上部遭受严重危害，难以恢复生机，但根颈以下仍正常的茶树，可进行台刈处理。

（2）加强肥水管理。 待茶树恢复生长、新芽萌发至1芽1叶、2叶后，成龄生产茶园每亩可施用10～20千克复合肥（$N：P_2O_5：K_2O=15：15：15$）或茶树专用肥（$N：P_2O_5：K_2O=21：6：9$，有机质$\geq 15\%$）；幼龄茶园每亩施用5～10千克复合肥（$N：P_2O_5：K_2O=15：15：15$）。在茶树长势恢复之前不宜过多施用肥料。入冬前，每亩施用100～200千克菜籽饼肥和5～10千克尿素，混匀后开沟深施，沟深15～20厘米，促进根系向下生长。

（3）做好秋茶留养。 受旱茶园无论是否修剪，秋茶均需留养，以复壮树冠，为明年的春茶生产打好基础。但要注意防止出现嫩梢过冬现象，11月或12月初应视情况进行一次打顶或轻修剪。

90. 茶树湿害后恢复生产的措施有哪些？

湿害多发生在平整土地时人为填平的池塘、洼地处，或耕作层下有不透水层，山麓或山岙的茶园积水地带。排除湿害的主要措施为降低地下水位和缩短径流在低洼处的滞留时间。

雨季洪灾后茶园容易发生湿害，茶树受湿害后，吸收根稀少，粗根发黑，根层浅薄，吸收能力下降，且病虫害多发，进而影响茶叶的产量和品质，直接影响茶农的经济收入。雨季洪灾后茶园恢复生产要注意以下 5 点。

（1）开沟排水。洪灾后，对淹水茶园要及时开沟疏渠，迅速排除园内积水，降低地下水位，避免茶树浸水时间过长而烂根、死亡。

（2）清理杂物。对植株枝叶上的泥浆及时用水清洗，挂在植株上的杂物要及时清除，淹水时间较长的植株要剪除部分枝叶。及时做好坏损沟渠、道路、梯壁及其他配套设施的修缮工作，茶园梯壁提倡种植护坡绿肥保护。特别要注意的是，对于遭到塌方或泥石流破坏的茶园，必须在巡查确认地质状况稳定后再进行清理与修复工作。

（3）适时松土。幼龄茶园淹水后易发生土壤板结，引起根系缺氧，需要在洪涝灾害后地表土基本干燥时，及时进行松土或深翻，去除因积水而产生的对茶树根系有害的物质。

（4）适时追肥。对于树体受涝后根系受损严重的茶树，由于吸收肥水能力较弱，不宜立即根施肥料。可选用 $0.1\% \sim 0.2\%$ 的磷酸二氢钾和 0.3% 尿素，或叶面肥等进行根外追肥；每隔半个月施用 1 次，连喷 $2 \sim 3$ 次。待树势恢复后，再土施有机肥、化肥或茶树专用肥，促发新根。

（5）防治病虫害。茶园受水灾后，茶树部分叶片、枝条受到机械损伤，病原也可通过雨水直接传播，同时茶树此期抗性下降，黑刺粉虱、茶小绿叶蝉、茶橙瘿螨、茶白星病等病虫害易蔓延发生，应注意病虫害监测，及时防治。

91. 茶树雹害后恢复生产的措施有哪些？

冰雹对茶树的危害主要有以下 5 个方面：①冰雹直接击落、击伤芽叶，擦破树皮，打断枝梢，使蓬面芽叶稀少、破碎，叶层损坏，降低鲜叶的匀整度，使成茶外形不整、茶汤腥臭苦涩，品质下降；②冰雹发生后，由于雹粒融化吸收了土壤和大气中的热量，使茶树新梢滞育、节间变短，形成大量对夹叶，开采期推迟，减少全年实采天数、降低产量，并会因对夹叶比率大，成茶缺毫，品质不佳；③雹粒解冻、冰水入土，土温急剧下降，有时可降至 $4{}^\circ\!C$，根部，特别是吸收根和根尖，会受到异常低温的突然刺激而发生寒害；④大量的越冬叶被击落、击伤，从而减少萌芽时的物质供应，造成树势早衰；⑤叶梢

伤口增多，病原入侵、感染，使茶树患病。

冰雹过后，为抑制灾情发展，减少损失，可采取以下补救措施。①采剪养蓬。降雹范围广，雹粒大且多，茶树受到严重损伤，击落芽叶比率达15%以上，破伤芽叶比率在30%以上时，将尚存蓬面的新梢按标准采摘，必要时通过修剪将损伤部分剪去，并结合培肥管理等，刺激下轮新梢早发，使茶树及早复原；受灾轻的，通过增施肥料等管理措施增强树体，仍可保证正常采摘。②翻土追肥、恢复树势。雹粒解冻后即行翻土，并施入有机肥或氮、磷、钾肥料，以利土壤透气，提高土温和肥力，增强根系活力。③抓紧时机喷药，保护树体。防止病原由叶梢的伤口侵入，须及时喷施灭菌剂。

三、茶园肥料精准化施用

92. 适宜茶园施用的肥料有哪些?

(1) 茶园施用的农家肥料主要有: ①堆肥:以各种秸秆、落叶、人畜粪便等堆制而成。②沤肥:堆肥的原料在淹水条件下发酵而成。③家畜粪尿:猪、羊、马、鸡、鸭等畜禽的排泄物。④厩肥:猪、羊、马、鸡、鸭等畜禽的粪尿与秸秆垫料堆成。⑤绿肥:栽培或野生的绿色植物体。⑥沼气肥:沼气池中的液体或残渣。⑦秸秆:作物秸秆。⑧泥肥:未经污染的河泥、塘泥、沟泥等。⑨饼肥:菜籽饼、棉籽饼、芝麻饼、花生饼等。

(2) 茶园施用的商品肥料主要有: ①商品有机肥:以动植物残体、排泄物等为原料加工而成。②腐殖酸类肥料:泥炭、褐煤、风化煤等含腐殖酸类物质的肥料。③微生物肥料:主要有根瘤菌肥料、固氮菌肥料、磷细菌肥料、硅酸盐类细菌肥料和复合微生物肥料等。④有机无机复合肥:有机肥料、化学肥料或(和)矿物源肥料复合而成的肥料。⑤化学和矿物源肥料:主要包括氮肥、磷肥、钾肥、钙肥、镁肥、硫肥、微量元素肥料和复合肥等。

93. 茶园施肥的原则是什么?

成龄采摘茶园处于生长发育相对稳定时期,对养分的吸收也相对稳定。这一时期茶树吸收的养分主要用于新梢生长、形成产量。成龄采摘茶园对养分的需求量比较高,施肥主要原则如下:①以氮肥为主,配合施用磷、钾肥和中微量元素,保持养分平衡;②有机肥与化肥配合施用,有机肥替代部分化肥;③基肥与追肥配合施用;④在合

适的位置施肥。

94. 有机肥料施用对茶园土壤培肥改土有何效果？

（1）有机肥是土壤中有机质的重要来源，具有取材容易、积制简便、营养全面、有机质丰富、肥效缓慢而持久等特点，有机肥施入后，经过土壤微生物的分解，逐步转化成土壤腐殖质，促进土壤结构改良，提高土壤胶体吸附能力，有利于提高土壤的保水、保肥性能。

（2）有机肥在分解过程中可产生许多有机胶体，可防止水溶性磷与茶园大量存在的活性铁接触；有机质分解能形成各种有机酸，有机酸能使土壤中原来难溶解的无机矿物盐类加速转化，转变为茶树易吸收的养分。

（3）有机肥含有茶树生长发育所需的各种营养元素，施用有机肥还可解决某些元素的拮抗作用和微量元素缺少的问题。

95. 如何科学施用有机肥料？

有机肥料中所含营养物质较全面，茶园施用有机肥对提高茶叶品质具有良好的作用。但全部施用有机肥而不施无机化肥也不行，有机肥料中营养元素的含量较无机化肥低，且供肥速度大多比较迟缓，不能满足茶树生长发育过程中需肥量大、吸收快的要求。此外，有机肥的积制、施用等都不及无机肥方便。因此，只有在重施有机肥的基础上，配合施用速效性无机肥料，才能达到既满足茶树生长过程中的需肥要求，又可不断改良土壤的目的。在生产实践中，投产茶园有机肥料施用比例（以氮养分含量计）以占茶园全年施肥量的 25%～40% 为宜。

96. 什么是生理酸性肥料、生理中性肥料和生理碱性肥料？

生理酸性肥料，指施入土壤、被作物吸收养分后，使土壤酸度提高的肥料，如硫酸铵、氯化铵等；生理碱性肥料，指施入土壤、被作物吸收养分后，使土壤碱度提高的肥料，如硝酸钠等；生理中性肥料，指施入土壤、被作物吸收养分后，使土壤酸碱度不会发生明显变化的肥料。

茶树适宜生长的土壤 pH 为 4.0～6.5，最适宜 pH 为 5.0～5.5。当土壤 pH>5.5 时，建议选择生理酸性肥料施用；当 pH<5.0 时，建议选择生理碱性肥料施用，防止土壤进一步酸化。

97. 茶园肥料施用量如何确定？

一般名优绿茶、红茶氮肥全年施用量为每公顷 200～300 千克（以纯氮计），大宗绿茶、乌龙茶、黑茶为每公顷 300～450 千克；氮磷钾比例（$N : P_2O_5 : K_2O$）绿茶（黑茶）为 1：（0.2～0.3）：（0.4～0.5），红茶为 1：（0.3～0.4）：0.4～0.5，乌龙茶为 1：（0.2～0.3）：（0.3～0.4）。

98. 茶园基肥施用如何选择肥料？

作为基肥用的肥料，既要求含有较丰富的有机质以培肥土壤、改善土壤理化性质、提高土壤保肥供肥能力，又要求含有较全面丰富的速效营养成分，以利于茶树越冬之前能吸收足够的养分，为越冬做好准备；同时，还要求在秋冬至翌年早春能供给茶树一定的养分，并适应茶树在越冬期间养分吸收慢的特点。因此，基肥还应是一种缓慢释放的长效肥料。生产实践中，基肥首选各类有机肥，或有机肥和复合肥配合施用。

99. 茶园基肥施用时间、施用量如何确定？

基肥施用时间选择在全年茶季结束后，茶树地上部进入休眠期之前的秋冬季，通常为 9 月底至 11 月初，可依据不同茶区确定。

基肥氮肥用量一般为全年氮肥用量的 30%～50%（含有机肥氮素含量），磷、钾肥可全部作为基肥在秋冬季一次性施用。

100. 茶园基肥施用位置如何确定？

茶园基肥施用时，须根据茶树根系在土壤中的分布特点和肥料的性质来确定肥料施入的部位，以诱使茶树根系向更深、更广的方向生长，增大吸收面，提高肥效（彩图 12）。一至二年生的茶苗在距根颈 10～15 厘米处开宽约 15 厘米、深 15～20 厘米平行于茶行的施肥沟

后施入；三至四年生的茶树在距根颈 35～40 厘米处开深约 20 厘米的施肥沟后施入。成龄茶园则在树冠垂直下方位置开深 20～30 厘米沟后施用；已封行茶园，则在两行茶树之间开沟，也可结合茶园深耕施用。如隔行开沟的，应每年更换施肥位置，坡地或窄幅梯级茶园，基肥要施在茶行或茶丛的上坡位置和梯级内侧方位，以减少肥料的流失。移动性弱的肥料，如磷肥、复合肥等应适当深施，有机肥必须深施才能发挥改土效果。

101. 茶园追肥施用时间、施用量如何确定？

追肥是在茶树地上部生长期间施用速效肥料的统称。茶园追肥的作用主要是不断补充茶树营养，促进当季新梢生长，提高茶叶产量和品质。为适应各茶季对养分较集中的要求，茶园追肥须按不同时期和比例，分批及时施入。春茶前追肥，也称催芽肥，通常在春茶开采前 30～45 天施入；第二次追肥是于春茶结束后春梢生长基本停止时进行，"伏旱"来临早的茶区应于"伏旱"施入，"伏旱"来临迟的，则可在"伏旱"前施；秋茶追肥应依当地气候和土壤墒情而定。

每次追肥的用量比例按茶园类型和茶区具体情况而定。单条幼龄茶园，一般在春茶前和春茶后，或夏茶后两次按 5∶5 或 6∶4 追施；密植幼龄茶园和生产茶园，一般按春茶前、春茶后和夏茶后（秋茶追肥）4∶3∶3 的用量比施入。

102. 茶园追肥施用位置如何确定，采用何种方式施用？

幼龄茶园应离树冠外沿 10 厘米处开沟施用追肥；成龄茶园可沿树冠垂直开沟；丛栽茶园施肥采取环施或弧施方式。沟深视肥料种类而异，移动性小或挥发性强的肥料应适当深施，沟深 10 厘米左右；易流失而不易挥发的肥料等可浅施，沟深 3～5 厘米，也可以地表撒施后利用旋耕机将肥料与土壤混合后施用（彩图 13）。

103. 茶园如何科学进行根外追肥？

茶园根外追肥主要指叶面施肥，作为根部施肥的重要补充，具有用肥量少、养分利用率高、施肥效益好等特点，对于施用易被土壤固定的微量元素肥料非常有利。目前茶树生产中常用的叶面肥主要有大量元素肥、微量元素肥、有机液肥、生物菌肥、生长调节剂以及专门型和广谱型叶面营养物。

茶树根外肥的施用浓度与肥料品种及天气条件等有关，同时根外施肥必须注意以下事项：①茶叶正面蜡质层较厚，而背面蜡质层薄，气孔多，因此，在喷肥时，要正反同时喷匀，特别是要注意背面的喷施；②在与农药配合喷施时，要注意农药与肥料的化学性质，以免引起化学反应，降低肥效或药效；③要注意天气变化，既要防止高温暴晒引起肥料水分蒸发过快而迅速改变其浓度，也要防止下雨被雨水冲掉。④根外追肥只能作为根部施肥的补充，不能替代根部施肥。

104. 闽南乌龙茶有机替代＋专用肥技术模式怎样应用？

(1) 基肥。11月上中旬，商品有机肥每亩施用200～250千克，茶树专用有机无机复混肥（N：P_2O_5：K_2O：MgO＝21：6：9：2，有机质≥15％，或相近配方）每亩施用15～20千克，有机肥和茶树专用有机无机复混肥拌匀后开深15～20厘米深沟或结合深耕施用。

(2) 春茶追肥。2月下旬至3月上旬，每亩施用茶树专用有机无机复混肥（N：P_2O_5：K_2O：MgO＝21：6：9：2，有机质≥15％，或相近配方）30～40千克，开深5～10厘米浅沟施用，或地表撒施后机械浅旋耕与土混匀。

(3) 秋季追肥。7月中旬至8月上旬，每亩施用茶树专用有机无机复混肥（N：P_2O_5：K_2O：MgO＝21：6：9：2，有机质≥15％，或相近配方）30～40千克，开深5～10厘米浅沟施用，或地表撒施后机械浅旋耕与土混匀。

105. 闽北乌龙茶有机替代＋专用肥技术模式怎样应用？

(1) 基肥。10月中旬至11月上旬，商品有机肥每亩施用200～250千克，茶树专用有机无机复混肥（N：P_2O_5：K_2O：MgO＝21：6：9：2，有机质≥15％，或相近配方）每亩施用15～18千克，有机肥和茶树专用有机无机复混肥拌匀后在茶行间开深15～20厘米深沟或结合深耕施用。

（2）春茶追肥。2月下旬至3月上旬，每亩施用茶树专用有机无机复混肥（N：P_2O_5：K_2O：MgO＝21：6：9：2，有机质≥15%，或相近配方）25～35千克，开深5～10厘米浅沟施用。

（3）秋季追肥。7月中旬至8月上旬，每亩施用茶树专用有机无机复混肥（N：P_2O_5：K_2O：MgO＝21：6：9：2，有机质≥15%，或相近配方）25～35千克，开深5～10厘米浅沟施用。对于只采春茶的茶园，在春茶结束后重修剪恢复生长期（一般为5-6月）进行追肥。

106. 名优绿茶有机替代＋专用肥技术模式怎样应用？

（1）基肥。9月下旬至10月中旬，每亩施用商品有机肥150～200千克和茶树专用肥（N：P_2O_5：K_2O＝18：8：12，或相近配方）20～30千克，有机肥和专用肥拌匀后开15～20厘米深沟或结合深耕施用。

（2）第一次追肥。春茶开采前40～50天，每亩施用尿素8～10千克，开5～10厘米浅沟施用，或地表撒施后机械浅旋耕与土混匀。

（3）第二次追肥。春茶结束后或重修剪前，每亩施用尿素8～10千克，开浅沟5～10厘米施用，或地表撒施后机械浅旋耕与土混匀。

对于全年采摘名优绿茶茶园，可在7月底至8月初增加1次追肥，肥料用量同第二次追肥。

107. 红茶有机替代＋专用肥技术模式怎样应用？

（1）基肥。10月中下旬，每亩施用商品有机肥150～200千克和茶树专用肥（N：P_2O_5：K_2O＝18：8：12，或相近配方）30～40千克，有机肥和专用肥拌匀后开15～20厘米深沟或结合深耕施用。

（2）第一次追肥。春茶开采前30～40天，每亩施用尿素6～8千克，开5～10厘米浅沟施用，或地表撒施后机械浅旋耕与土混匀。

（3）第二次追肥。春茶结束后，每亩施用尿素6～8千克，开5～10厘米浅沟施用，或地表撒施后机械浅旋耕与土混匀。

（4）第三次追肥。夏茶结束后，每亩施用尿素6～8千克，开5～10厘米浅沟施用，或地表撒施后机械浅旋耕与土混匀。

四、生态茶园建设

108. 什么是生态茶园？

生态茶园是以茶树为主要物种，根据生态学理论，应用生态系统设计原理，综合运用可持续农业技术，将茶园中生物间、生物与环境间的物质循环和能量转化相关联，科学构建和管理适宜茶树生长的茶园生态系统，建设形成资源节约、环境友好、产量持续稳定、产品安全优质的茶园。

109. 什么是茶园生态用地？

茶园内其他植物及非生产用茶树覆盖的区域，包括但不限于：非生产目的的茶园，种植其他木本植物和草本植物的植被斑块、廊道，茶园四周及坎壁、道路、水域等周边的绿化区域。

110. 什么是茶园次要植物？

在茶园生态系统中，与茶树共同生长，具有保持水土、调节气候等功能，对茶树生长及生态系统有益的其他植物。

111. 生态茶园建设的原则是什么？

(1) 绿色发展。坚持"绿水青山就是金山银山"理念，坚持生态优先和可持续发展，全面构建绿色生产方式，保护和利用生物多样性，应用循环农业、废弃物与污染物处理等技术，筑牢生态安全屏障，保持茶园水土。

(2) 整体发展。将生态茶园纳入区域农业生产体系统筹考虑，坚

持因地制宜，宜农则农、宜牧则牧、宜林则林、宜草则草，构建多元化的区域农业生产体系；纳入当地美丽乡村建设，与大地景观、特色乡镇建设等统筹考虑，建设美丽乡村、美丽茶园。

（3）**融合发展。**坚持融合发展理念，建设环境优良、景观优美、设施完备、分区合理的生态茶园，发挥自然生态资源和地域文化优势，促进茶产业与旅游、休闲、文化、康养、教育及互联网等产业深度融合，发挥茶产业的多种功能。

（4）**设施完善。**具备茶园实现生态化、标准化、信息化、机械化生产所必需的基础设施。

112. 什么是茶-菌生态茶园模式，可供间作的食用菌有哪些？

茶-菌生态茶园模式是按照共生互利原则，人为创建条件，通过茶-菌优化组合、立体栽培，提高复种指数和复合收入，改善茶园生态环境的一种高效生态种植模式。该模式宜选择在地块环境无污染、水源洁净、空气清新、交通方便、地势平坦、湿度较大、周边自然植被丰富，生态系统相对稳定的茶园建设。目前茶-菌生态种植模式主要有"茶-黑木耳""茶-榆黄蘑""茶-灵芝"等模式。

茶-菌生态茶园种植，通过有效利用茶园空间和茶树修剪枝叶，缓解菇房及食用菌栽培木屑资源紧张的问题。茶园为食用菌提供荫蔽环境和充足氧气，茶树修剪枝叶粉碎后可作为食用菌碳素营养能量来源；而食用菌菌渣中含有丰富的菌体蛋白、有机质、多种酶等活性物质，腐熟后的菌渣回田对改良茶园土壤理化性状和微生态环境、养分转化、涵养水分，促进茶树营养吸收有积极作用。

可供间作的食用菌主要有黑木耳、榆黄蘑、灵芝、大球盖菇、平菇和竹荪等。

113. 什么是茶-药生态茶园模式，可供间作的药材有哪些？

茶-药生态茶园模式，充分利用温、光、水、土等自然资源，通过在茶园套种中药材，实现中药材、茶树共生或附生，提高土地或空间的利用率，提升茶叶和中药材的品质，也增加了中药材额外收入，是一种对茶园生态系统多样性的形成及维持、养分和水分循环有促进作用的种植模式。

可供间作的药材主要有铁皮石斛、粉防己、金银花、太子参、头花蓼、魔芋和黄精等。

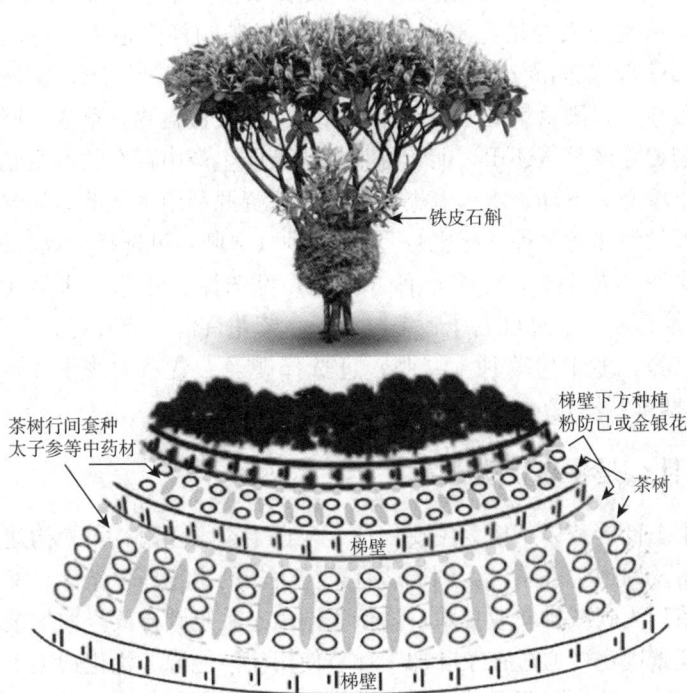

图　茶-药生态茶园模式

114. 什么是茶-粮生态茶园模式，可供间作的粮食作物有哪些?

茶-粮生态茶园模式，充分利用温、光、水、土等自然资源，在茶树行间、茶树与梯埂间，或茶园周边空地开挖播种沟套种粮食作物，实现茶树、粮食作物共生，改善茶园小气候，提升茶叶品质，也增加了粮食额外收入，显著提高茶园经济效益。一般适用于幼龄茶园或梯埂宽幅较大的茶园。

可供间作的粮食作物有甘薯、马铃薯、玉米、荞麦。

115. 什么是茶-草（绿肥）生态茶园模式，可供间作的草种有哪些？

茶-草（绿肥）生态茶园模式，根据当地的气候和茶园土壤条件，在茶园系统中人为培育草本优势种群，对茶园裸露地表（行间、梯埂、梯壁），茶园周边空地等合理留草、种草或套种绿肥，实现地表绿色覆盖，以固氮培肥土壤和保持水土。地表覆盖物（草或绿肥）实时刈割覆盖或翻压还田，能较好地解决茶园生产中存在的有机肥源不足、土壤肥力下降、水土流失严重、林下资源利用水平低等问题。

可供间作的草种（绿肥）：夏季草种（绿肥）可选择大豆、绿豆、圆叶决明和花生等；冬季草种（绿肥）可选择三叶草、油菜（彩图14）、箭箬豌豆、光叶苕子、毛叶苕子、紫花苜蓿、紫云英、小葵子、黑麦草等；多年生草种（绿肥）可选择爬兰、萱草（彩图15）等。"以草抑草"模式可选择鼠茅草、三叶草。

116. 什么是生态低碳茶？

生态低碳茶以茶树为主要物种，根据生态学理论，科学构建和管理茶树及周边生态系统，创造适宜茶树生长的生态环境条件，综合运用一系列固碳减排农业技术，降低茶园生态系统碳排放，增加茶园生态系统碳固定，通过在茶叶加工环节使用清洁能源、优化加工工艺提高加工能源效率，降低茶叶加工碳排放，最终实现产品优质安全，茶产业持续健康发展。

117. 生态低碳茶的基本条件有哪些？

（1）通用要求。茶园边界清晰，所有权明确，水土保持良好，园、林、路、水布局合理，远离工厂区、垃圾场等污染源。土壤中污染物含量不高于《土壤环境质量　农用地土壤污染风险管控标准（试行）》（GB 15618—2018）的风险筛选值；灌溉水符合《农田灌溉水质标准》（GB 5084—2021）；茶园环境空气质量符合《环境空气质量标准》（GB 3095—2012）。茶园有投入品购买和使用的完整记录，有茶叶加工环节的产量、能耗等完整记录。茶叶符合食品安全国家标准。

(2) 种植要求。生态用地或茶园周边森林、竹林等面积不小于总面积的 10%。茶园管理良好，茶树生长健壮。茶园氮肥用量（折合纯 N）总量控制在每公顷 225 千克以下；钾肥用量（折合 K_2O）控制在每公顷 75 千克以下；磷肥用量（折合 P_2O_5）控制在每公顷 45 千克以下。采用有机肥替代化肥，总养分中来自有机肥的养分不少于 30%；茶园采用覆盖、修剪枝叶还田等措施稳定或提高土壤有机质含量，无水土流失现象。没有使用受重金属等污染的污水、污泥等物质及其制成的肥料。茶园所用农药应在茶叶上登记。应使用病虫害绿色防控技术，化学防治次数每年不超过 2 次，化学农药用量比全国平均水平降低 50% 以上。茶园没有使用人工合成的植物生长调节剂类物质。梯（坎）壁留草或种草，茶园四周或茶园中不适合种茶的区域植树种草，每公顷宜种植乔木 50 株以上。禁止焚烧秸秆、农膜。肥料和农药包装、色板等回收率达到 100%。

(3) 加工要求。加工场所和设备清洁卫生。加工不得使用煤炭、木柴等非清洁能源，应采用电力、天然气、生物质颗粒等清洁能源，提高能源利用效率。宜采用绿色、节能、高效加工设备。加工工艺及流程合理、高效、节能。

(4) 储存、包装和运输要求。产品在储存和运输过程中，应标识清楚。包装材料应符合国家有关规定，宜使用生态环保、可循环与可降解材料，避免过度包装。

(5) 管理体系要求。应有合法的土地使用权（或合法的经营证明文件）。建立并保持清晰的茶园肥料施用记录（时间、名称、种类、养分含量、数量、方式、花费等），茶园病、虫、草害控制管理记录（时间、种类、方式、对象、用量、花费等），茶园修剪、耕作管理记录（时间、燃油消耗、花费等），所有茶园管理投入品的台账记录（来源、数量、去向、库存等），产出情况记录（鲜叶产量、采摘方式、用工花费、干茶种类、干茶产量、产值等），加工所用能源类型及用量记录和销售记录及标识的使用管理记录。

118. 茶树低碳生态种植技术有哪些？

茶树低碳生态种植技术指的是在茶树种植过程中，利用茶园绿色

投入品，采用科学投入比例和投入方式，实现茶园较低温室气体排放和土壤更高碳聚集功能，实现茶园由碳排放向碳汇端转变的低碳生产技术（视频2）。

视频2　茶树低碳生态种植技术

（1）生态茶园建设。根据生态学理论，科学构建和管理茶树及周边生态系统，形成以茶树为核心的多物种组成的复合生态系统。

（2）茶树树体管理。种植抗逆、优质、高产、适制性好的茶树优良品种；保持茶树树体健壮、冠层宽广、叶层深厚。

（3）土壤管理。土壤肥沃、疏松，土层深厚，茶树冠层宽广的茶园宜实行免耕或减耕。使用有机肥，种植绿肥，修剪物还园，添加生物炭等，可不断提高土壤有机质含量。采取配方肥（专用肥）、有机肥替代化肥等技术，严格控制肥料用量。年氮肥用量（折合纯N）总量控制在每亩15千克以下，其中不少于30%来自有机肥料；采用"基肥＋追肥"的培肥方式，并进行开沟施肥。

（4）病虫草害管理。遵循"预防为主，综合治理"的植保方针，从茶园整个生态系统出发，综合运用各种防治措施，创造不利于病虫草等有害生物滋生和有利于各类天敌繁衍的环境条件，保持茶园生态系统的平衡和生物多样性，将有害生物控制在允许的经济阈值以下。可使用虫情预报灯、病虫监测器、色板、性诱剂等装置开展茶园病虫的监测和基础防治；采用农业防治、物理防治、生物防治集成技术进行病虫害综合防治。在遭遇特种病虫害大暴发时，有限制地使用高效、低毒、低残留农药。采用以草控草、人工除草等措施防控茶园草害，不得使用化学除草剂。

五、茶叶加工处理

（一）绿茶

119. 扁形名优绿茶（龙井茶）加工的技术要点有哪些？

龙井茶是扁形名优绿茶的代表。品质特征为外形扁平、光滑、挺直，色泽嫩绿或翠绿油润；汤色嫩绿明亮；香气高爽、馥郁持久；滋味醇厚甘鲜，叶底芽叶成多朵，嫩绿明亮。

（1）手工制作。龙井茶手工制作基本工艺流程一般为：鲜叶摊放→青锅→回潮与分筛→辉锅→干茶分筛→复辉（挺长头）与归堆→贮藏。其中青锅和辉锅是整个炒制作业的关键工序。

①摊放。传统的摊放方式下，高档龙井茶鲜叶摊放厚度在 2～3 厘米，中档龙井茶鲜叶摊放厚度以 7～10 厘米为宜。一般 4 小时就要轻轻翻叶 1 次。摊放时间一般为 6～12 小时，以茶叶失水率 10%～15%，含水量在 70% 左右为度。外观色泽由鲜活翠绿转变为暗绿，叶面光泽基本消失，青草气减，散发出花果清香，叶质变得较柔软。如有可控温控湿的摊放机，一般温度控制在 20～25℃，湿度控制在 75% 左右为佳。

②青锅。青锅炒制时间一般为 12～20 分钟，整个过程大致可分成 3 个阶段。第一阶段历时 3～5 分钟，锅温（140±20）℃，投叶量 100～150 克，主要目的是高温杀青。操作上，采用轻抓、松抖、轻拓等手法炒制，要求抖得散而匀，使茶叶均匀受热，并充分散发水汽。第二阶段历时 2～4 分钟，锅温（120±10）℃，主要目的是散发水汽，开始初步做形。操作上，适当降低锅温，采用抖、抹等手法结

合炒制，将茶叶初步理直。第三阶段历时6～10分钟，主要目的是进一步蒸发水分，初步做形。操作上，主要采用抖、搭、拓、抹和捺等手法炒制，炒至加工叶舒展扁平，含水率降为20%～30%时起锅。

③"回潮"和分筛。目的是均匀茶叶水分、有利内含物质进行有益转化、便于辉锅做形。"回潮"一般经过1～2小时。为提高茶叶的匀齐度，青锅叶需要进行分筛，一般采用两把不同孔径的竹筛将青叶分成3档，即头子、中筛和筛底，并簸去片末。

④辉锅。通常高档茶炒制时间为15～20分钟，投叶量150～200克；中档茶为25～30分钟，投叶量200～300克。整个过程可粗分成3个阶段。第一阶段历时3～8分钟，锅温60～70℃，主要目的是预热和理条。操作上采用轻拓、轻抖、稍搭、理条等手法，将茶叶整理得均匀整齐，并散发水汽。第二阶段历时6～10分钟，锅温80℃左右，主要目的通过理条、压扁、磨光等手法基本完成做形。第三阶段历时5～8分钟，锅温80℃左右，主要目的是干燥茶叶，形成特有的色、香、味品质。当含水量达到6%左右，即可起锅。

⑤干茶分筛。主要目的是提高龙井茶的外观匀净度。炒制好的干茶经摊凉，视茶叶等级选用2～3把不同孔径的筛子将茶叶分出3～4档，最长1档叫筛头（长头），2档叫中筛，3档叫3筛，4档叫底末。特级茶和高级茶一般较短小匀净，分筛后，筛头少，中筛多，底筛少，只分3档。中级茶长短大小较不匀，长而大的占多数，多留筛头。

⑥复辉（挺长头）和归堆。分筛后，根据茶叶分档情况，可考虑复炒，也称作"挺长头"。复辉锅温一般保持在60℃左右，采用抓、推、磨、压等手法，达到平整茶叶外形、透出润绿色、均匀干燥程度及色泽的目的。挺好的长头再过筛，使长短划一。过筛的中筛长头全部筛下，各级茶均要从底筛中提出茶末，簸去片张。然后依据色泽及大小，把同一级别的各档筛号茶进行合并和归堆，分别标上日期、等级、数量后，进行包装、贮藏。

(2) 机械与手工组合加工技术。机械与手工组合加工技术指用机械代替手工进行青锅工序，其他工序保持不变。多是采用浙江嵊州、新昌等地生产的6CCB-7801型、6CCB-HF900型等各类扁形茶炒制机。

一般特级原料每锅 100～150 克，一级原料、二级原料 150～200 克。鲜叶投入锅中有"噼啪"爆声，同时开机翻炒；当叶子开始萎瘪、梗变软，色泽变暗时，开始逐步加压，根据茶叶干燥程度，一般每隔 0.5 分钟压力加重 1 次，加压程度主要看炒板，以能带起茶叶又不使茶叶结块为宜。锅温应先高后低，一般分三段：第一阶段锅温 240℃左右，从青叶入锅到茶叶萎软，一般在 1.0～1.5 分钟；第二阶段是茶叶成形初级阶段，温度比第一阶段低 20～30℃，时间为 1.5～2.0 分钟，到茶叶基本成条、相互不粘手为止；第三阶段锅温在 200℃左右，此时是做扁的重要时段，一般恒温炒。为提高扁平度，在杀青 2～3 分钟，即第三阶段时，增加"磨"的动作。待茶叶炒至扁平成形，芽叶初具扁平、挺直、软润、色绿一致、含水量 25%～30%时，青锅结束，用时一般为 4～6 分钟。

120. 针形名优绿茶（雨花茶）加工的技术要点有哪些?

传统针形绿茶因外形似针而得名。雨花茶条索紧结、细圆挺直，呈松针形，锋苗挺秀，色泽翠绿、带有白毫；汤色清澈明亮，滋味鲜爽纯正，香气清高，叶底匀净嫩绿。

针形绿茶机械化加工工艺流程一般为：摊放→杀青→冷却→揉捻→初烘→整形→足干。

①摊放。鲜叶采摘后应立即摊放于洁净的软匾或篾簟上，厚度一般为 1～2 厘米。摊放地点要求阴凉，不受阳光直射，清洁卫生，空气流通，无异味。摊放时间为 4～12 小时，其间轻轻翻动 1～2 次，摊放时的含水率掌握在 70%左右。

②杀青。针芽形绿茶的杀青设备多采用滚筒杀青机，在杀青机的出叶口下端配置 1 个快速鼓风吹叶装置，使经杀青出来的芽叶能迅速冷却，并使完整的芽叶与其中的鱼叶、鳞片等夹杂物吹离。开机后开始加温，待筒体进口约 20 厘米处温度上升至 120～130℃、手感到灼热、出口温度 80～90℃时，方可投叶，投叶量依杀青机型号而定。杀青时间约为 1.5 分钟，杀青叶的失重率 30%～40%。杀青适度的杀青叶，其色泽由青绿转变为翠绿，青草气转变为良好的茶香，叶梗

折之不断，手握成团，抛之即散。杀青叶应放在洁净的竹垫上，静置"回潮"，使芽内外走水均匀。

③冷却。为防止杀青叶堆积闷黄，应及时摊开，有条件的应采用风机、快速冷却机等装备将茶叶快速吹风降温。

④揉捻。针芽形名优绿茶的加工大多数不经过揉捻，仅有少部分采用此工序。揉捻时一般不加压，揉捻3～7分钟，1次完成。主要目的在于去除少量焦边，茶条匀直。

⑤初烘。利用小型自动烘干机，采用薄摊快烘的方法。进风气温掌握在130～140℃，烘干时间中小叶种为3～4分钟，大叶种为5～6分钟，失重率掌握在30%～40%，中途翻动茶叶1～2次，烘至手捏成团，松手则散。从烘干机出来的叶应立即摊凉散热，冷却后回潮15～20分钟。

⑥整形。呈芽形的针芽形茶，整形采用往复式理条机，温度控制在100℃左右，每槽的投叶量60～80克，时间5～8分钟，待芽头变直即可出锅。呈松针形的针芽形茶，整形多采用6CRJ-24型和6CRJ-14型等精揉整形机，搓板温度掌握在70～90℃，时间为40～50分钟。制叶在精揉整形机揉手的不断作用下逐渐被理直炒紧，呈松针状，待含水量降至10%～12%时出锅。

⑦足干。炒干机进口温度控制在90～100℃，一般烘至含水量5%～7%，下机冷却后收藏。

121. 毛峰形名优绿茶（黄山毛峰）加工的技术要点有哪些？

毛峰茶产品类型较多，炒制技术和工艺总体基本相同，仅在后期加工方式上略有区别。黄山毛峰是典型代表，其形似雀舌，匀齐壮实，锋显毫露，色如象牙，鱼叶金黄，清香高长，汤色清澈，滋味鲜浓、醇厚、甘甜，叶底嫩黄，肥壮成朵。

（1）手工炒制。黄山毛峰炒制技术分为摊放→杀青→揉捻→烘焙。

①摊放。摊放要用干净的竹匾等，时间控制在2～4小时，厚度2厘米左右，注意摊放卫生。

②杀青。用直径50厘米左右的桶锅，锅温要先高后低，投叶时

锅温要在250℃左右，每锅投叶量为：特级原料200～250克，一级以下原料500～700克。炒制时单手翻炒，手势要轻，翻炒要快，每分钟翻炒50～60次，鲜叶扬得要高，要求离开锅面20厘米高左右，撒得要开，叶片落下犹如天女散花般平铺锅底，捞得要净，每次捞取叶片时不落叶片在锅底。杀青程度：芽叶质地柔软，表面失去光泽，青气消失，茶香显露。

③揉捻。特级和一级原料，在杀青达到适度时，继续在锅内抓带几下，起到轻揉的作用。2～3级原料杀青起锅后，及时散失热气，轻揉1～2分钟，使之稍卷曲成条即可，揉捻时，速度宜慢，压力宜轻，边揉边抖，以保持芽叶完整，白毫显露，色泽绿润。

④烘焙。分毛火和足火。毛火时每只杀青锅配4只烘笼，火温先高后低，第一只烘笼烧明炭火，烘顶温度90℃以上，以后3只烘笼温度依次下降至80℃、70℃、60℃左右，边烘边翻，顺序移动烘笼。毛火结束时，茶叶含水率约为15％；毛火结束后，茶叶放在簸箕中摊凉30分钟，以促进叶内水分重新分布均匀。然后将8～10只烘笼的茶叶并到1只烘笼中，进行足火。足火温度60℃左右，文火慢烘至足干，即含水量≤6％。拣剔去杂后，再复火1次，促进茶香透发。

（2）机械加工。黄山毛峰机械加工工艺流程一般为：摊放→杀青→做形→烘干。

①摊放。摊放时间一般控制在3～5小时。摊放容器以竹匾为主，竹匾分层置于铁制支架上。摊放厚度2厘米左右，保持通风、干燥、卫生。

②杀青。一般使用30型滚筒杀青机作为杀青机械，筒内壁温度要求维持在130～150℃。鲜叶的杀青程度一般要适当偏"老"，含水量在55％左右，杀青叶柔软，表面失去光泽，边缘略有爆点，同时青气消失，茶叶香气显露。

③做形。特级黄山毛峰做形以专门的理条机为做形机械。在理条过程中，要随时观察理条情况，要求理条叶在槽内上下翻动，促使茶叶受热均匀，快速挤滑成条。理条温度180℃左右。理条后的茶叶含水量在55％左右。理条下叶后，在输送带传送过程中，理条叶即完成了摊凉过程，时间约为5分钟。

中低档的黄山毛峰采用揉捻机揉捻成形。在现代加工工艺流程中，黄山毛峰茶常用智能型全自动茶叶揉捻机，每条揉捻生产线由10台揉捻机、自动称量装置、自动投叶装置、自动加压装置、自动出料装置等组成。投叶量为每台8～10千克，根据鲜叶原料级别，在控制柜上事先设定好揉捻的压力和时间，揉捻机转速一般要求每分钟45～60转。在揉捻过程中要注意压力要小（轻压），时间要短（少于15分钟），确保鲜叶完整度和成条率。揉捻后鲜叶要求基本成条，握之成团，松之即散，无粘手感。

④烘干。常见的有网格式烘干机和链板式烘干机，整个烘干机组由4台烘干机组成。烘焙过程包括初烘、二烘、三烘和提香4个连续性的步骤。初烘温度一般控制在120～135℃，摊叶厚度1～2厘米，茶叶含水量为35%～40%；二烘温度控制在110～125℃，茶叶含水量为25%左右；三烘温度控制在95～105℃，茶叶含水量为8%～10%；提香干燥，温度控制在70～80℃，茶叶含水量在5.5%左右，4步完成后，下机装箱。

122. 卷曲形名优绿茶（碧螺春）加工的技术要点有哪些？

卷曲形茶是指茶叶在加工过程中受到回旋力的揉捻，芽叶成条后卷成曲形，该类型的茶以江苏的洞庭碧螺春为著名。其主要品质特征为外形条索纤细、色绿隐翠、茸毫披覆，卷曲似螺，具有"蜜蜂腿"特征；内质汤色嫩绿，香气鲜雅、兰韵突出，滋味鲜醇、回味绵长，叶底柔嫩。

（1）手工炒制。碧螺春手工炒制基本工艺流程包括杀青→热揉成形→搓团显毫→干燥。

①杀青。采用电炒锅杀青，每锅投叶量0.5千克，下锅温度为150～180℃，高档茶温度稍低，低档茶则稍高，杀青时间为3～4分钟。手法是双手或单手反复旋转抖炒，动作轻快。先抛后闷，抛闷结合，杀透杀匀。以茶叶略失光泽、手感叶质柔软、稍有黏性、始发清香、失重二成为适度。

②热揉成形。锅温控制在65～75℃，时间为10～15分钟。采用"加温热揉，边揉边抖"的方式，用双手或单手按住杀青叶，沿锅壁

顺着一个方向盘旋，叶在手掌和锅壁间进行公转与自转，叶边揉边从手掌边散落，不使揉叶成团，开始时旋 3～4 转即抖散 1 次，以后逐渐增加旋转次数，减少抖散次数，基本形成卷曲紧结的条索。以揉叶成条，不粘手而叶质尚软，失重五成半为宜。

③搓团显毫。锅温控制在 55～60℃。将揉叶置于两手掌中搓团，顺着一个方向搓，每搓 4～5 转解块一下，要轮番清底，边搓团，边解块，边干燥，锅温控制"低—高—低"。搓团初期火温要低，温度过高则水分散失多，干燥快，条索松，中期茸毛初显时要提高温度，促使茸毛充分显露，后期要降温，否则毫毛被烧，色泽泛黄。用力要"轻—重—轻"，以茸毛显露，条索卷曲，失重七成为宜，一般历时 12～15 分钟。

④干燥。锅温控制在 50～55℃。将搓团后的茶叶，用手微微翻动或轻团几次，达到有触手感时，即将茶叶均匀摊于洁净纸上，放在锅内再烘一下，一般历时 6～7 分钟，含水量降到 6%～7%时出锅。

(2) 机械炒制。

①摊青。采回鲜叶要及时摊放在阴凉通风处，时间 4～6 小时，厚度 3 厘米，其间翻动 1～2 次。

②杀青。一般采用滚筒杀青机。待滚筒杀青机筒壁温度升至 220～240℃，进口温度达到 140℃，出口温度达到 120℃时，开始投叶。杀青叶要及时摊凉，在杀青机出口处，用鼓风机把杀青叶吹开，让杀青叶快速散热并带走水蒸气。杀青掌握以叶色转暗绿，手握柔软，青气消失，散发出良好茶香，杀青叶含水量 55%左右为适度。

③揉捻。选用 25 型或 35 型揉捻机。根据杀青叶的数量选择机械，一般放满 1 筒杀青叶，空揉 5 分钟，轻压揉 8 分钟，再空揉 2 分钟，以茶叶初步成条为度。

④初烘。选用 6CH - 941 型碧螺春烘干机。当风温达到 90～100℃时投叶，将揉捻叶铺开，薄摊快烘，烘时约 10 分钟。烘至手握能成团，松后自然散开，六成干时即可下机冷却。

⑤做形。这一步是形成碧螺春茶外形特征的关键工序，采用 6CPD - 80 型或 6CPD - 40 型碧螺春茶成形机。当锅温达到 80℃左右时即可投叶。投叶量及炒制成形时间：80 型每锅投叶 10 千克左右，

炒制时间约30分钟；40型每锅投叶2千克左右，炒制时间约25分钟。锅内设有吹风装置，边做形边烘炒时，要注意透气，开启风机吹热风，以保持茶叶色泽翠绿。做形总历时25～30分钟，炒至茶条卷曲，含水量10%左右时，出机摊凉。

⑥提毫。机械提毫可采用6CLH-40（D）型六角提毫辉干机，提毫温度为50～60℃，可使茶叶缓慢失水，保持柔软状态，利于提毫。该工序耗时10～15分钟，待茸毛显露时下机摊凉。

⑦足干。可在微型名优茶烘干机下进行，温度控制在60～70℃，文火慢烘，烘至茶叶含水量为5%～7%时下机冷却，即可完成碧螺春茶的炒制。

123. 珠形名优绿茶加工的技术要点有哪些？

珠形绿茶外形圆紧似珍珠，炒干工艺中注重运用推炒手法使茶条逐渐圆紧呈颗粒状，如浙江的珠茶、安徽的涌溪火青、江都的盘古龙珠等。

珠形绿茶机械化加工工艺流程一般为：摊放→杀青→揉捻→二青→做形→干燥→拣选。

①摊放。鲜叶采摘后应立即摊放于洁净的软匾或篾簟上，特级、一级鲜叶摊放厚度6厘米，二级鲜叶摊放厚度6～10厘米，摊放过程翻叶1～2次。摊放程度以摊放叶含水量68%～70%，叶质较柔软、散发清香为适度。

②杀青。杀青设备宜选用6CST-60、6CST-70、6CST-80、6CST-110型连续滚筒杀青机。6CST-60、6CST-70型杀青机投叶时滚筒内壁（离进叶口1米处）温度280～320℃，杀青时间90～150秒；6CST-80、6CST-110型杀青机投叶时滚筒（离进叶口1米处）温度300～380℃，杀青时间150～210秒，杀青程度以杀青叶含水量58%～60%，叶质柔软、手握茶坯可慢慢散开，清香显露，无生青、爆点为适度。

③揉捻。选用6CR-45、6CR-55、6CR-65型揉捻机作业。6CR-45型揉捻机投叶量15～25千克，揉捻时间10～15分钟；6CR-55型揉捻机投叶量25～35千克，揉捻时间8～12分钟；6CR-

65型揉捻机投叶量45~55千克，揉捻时间8~12分钟，揉捻过程中不加压或轻压，揉捻完成后及时抖散茶坯。揉捻程度以80%以上的杀青叶初卷成条索，并保持芽叶完整为适度。

④二青。选用6CGT-60、6CGT-80型滚筒炒干机作业。二青投叶时滚筒内壁（离进叶口1米处）温度180~220℃，根据含水量不同炒1~3次，每次炒制完需要摊凉回潮。程度以二青叶含水量40%~44%，初下机时叶质稍硬，冷却回潮后柔软，稍有弹性为适度。

⑤做形。珠形绿茶采用2次做形。选用50型曲毫炒干机。投叶量2.8~3.2千克，锅温110~130℃，摆幅频率每分钟90~100次，炒制时间60~90分钟。出锅后需摊凉回潮。第一次做形完成含水量控制在20%~24%，感官上80%茶叶卷成盘花状。第二次做形投叶量3.8~4.2千克，锅温90~100℃，摆幅频率每分钟70~80次，炒制时间50~70分钟。出锅后需摊凉回潮。第二次做形完成含水量控制在10%~12%，感官上茶叶呈圆珠状或颗粒状。

⑥干燥。选用6CH-10、6CH-20型链板式烘干机作业。烘干机进风口温度90~110℃，摊叶厚度2~4厘米，烘1~2次，每次下烘均需摊凉冷却。茶叶含水量控制在6%以下，手搓捻茶叶即成粉末状为干燥充分。

⑦拣选。根据成品茶要求筛分大小，风选去片末，拣剔去杂。

124. 大宗绿茶初制加工的技术要点有哪些？

(1) 炒青绿茶。炒青绿茶的干燥方式采用炒干，品质要求外形条索紧直、匀整，有锋苗，不断碎，色泽绿润，净度好，内质香高持久，最好有板栗香，汤色清澈，黄绿明亮；滋味浓醇爽口；叶底嫩黄明亮。

①摊青。鲜叶要按鲜度、净度、匀度、嫩度的不同要求，严格验收，分级摊凉。一般在竹席等竹器上摊凉。厚度不超过30厘米，时间以4~12小时为好，过程中适时翻动，一般鲜叶温度不超过25℃。摊凉程度以叶质微软、清香透出、含水量70%为宜。

②杀青。常用机型为滚筒式连续杀青机、滚筒式（100型）间歇

杀青机。使用滚筒式连续杀青机，机内进叶温度 280℃。投叶量随温度的升高而增加，杀青结束前 10 分钟开始降温并逐渐减少投叶量。使用滚筒式间歇杀青机时，当筒体受热局部泛红时即可投叶，投叶量 12 千克左右。嫩度高或水分含量多的鲜叶，投叶量适当减少；反之，投叶量适当增加。杀青温度先高后低，杀青时间约 7 分钟。杀青适度为：芽叶失去光泽，叶色暗绿，叶质柔软、萎卷，嫩梗折而不断，杀青叶手握成团，松手不易散开，略带有黏性，青草气散失，显露清香。

③揉捻。常用揉捻机的机型为 35 型、40 型、45 型、55 型、65 型。投叶量为：35 型 6～8 千克、40 型 10～15 千克、45 型 20～25 千克、55 型 30～35 千克、65 型 55～65 千克。原则上以松散装满为度，一般比揉桶上沿低 5 厘米左右，不可过满。加压应掌握"轻—重—轻"的原则，嫩叶要"轻压短揉"，老叶要"重压长揉"。一般小型揉捻机揉捻时间 25 分钟左右，大型揉捻机 45 分钟左右。揉捻适度的叶子：高档嫩叶成条率达 80% 以上，低档粗叶成条率达 60% 以上，碎茶率不超过 3%，茶汁溢附叶面，手握有黏手感。揉捻叶下机后及时解块、筛分。

④二青。分为炒二青或烘二青。炒二青用 110 型滚筒炒干机，筒温 150～120℃，投叶量 15～20 千克，时间 15～20 分钟，适度后下机摊凉 30 分钟。烘二青烘干机进风口温度 120～130℃，摊叶厚度 1～1.5 厘米，时间 10～15 分钟，适度后下机摊凉 30 分钟。二青程度为：减重 25%～30%，含水量不低于 35%，手握叶质尚软，茶条互不粘连，稍能成团，松手能散开，富有弹性，稍感刺手，青草气消失。

⑤三青。用 110 型滚筒炒干机，筒温 90～100℃，投叶量 20～30 千克，时间 45 分钟，下机摊凉 60 分钟，用 16 孔筛隔除碎、片、末，分段干燥。三青程度为炒至含水量 15%～20%，条索基本收紧，部分发硬，茶条可折断，手捏不会断碎，有刺手感即可。

⑥足干。用 110 型滚筒炒干机，筒温 70～80℃，先高后低，投叶 35～40 千克，炒 60～90 分钟。足干程度为炒至含水量 4%～6%，条索紧结、匀整、色泽绿润，茶香浓郁，手捻茶条全成粉末，折梗即断。

（2）**烘青绿茶**。烘青绿茶的制法分杀青、揉捻、干燥 3 个工艺过程。杀青的目的和方法与炒青绿茶相同。烘青绿茶要求耐冲泡，条索完整，揉捻程度要比炒青绿茶轻些。烘青绿茶干燥工序分为毛火与足火，多用机制烘焙的方法。烘干机的种类有手拉百叶式烘干机和自动烘干机两种。

①手拉百叶式烘干机。打毛火，当进风口温度达到 110℃ 左右时，开始上茶，用手将揉捻叶均匀地撒在顶层百叶板上，摊叶厚度约 1 厘米。烘 2～3 分钟，拉动第一层百叶板，使茶坯落入第二层，再在第一层板上均匀撒上揉捻叶，这样依次上叶并拉动各层百叶板的把手，使茶坯逐层下落，当茶坯落入第六层后（最底层），应在小窗口随时检查烘干程度，调整撒叶厚度及拉把手时间。烘干程度同样掌握五成干左右，即手握茶坯不粘手，稍感刺手，但仍可握成团，松手会弹散，条索卷缩，叶色乌绿，含水量 40%～45%。茶坯落入出茶口后，及时掏出，摊凉 20～25 分钟后，打足火。打足火时的方法与打毛火的操作大体相同。不同之处是，进风口的温度比打毛火时低，一般为 80～90℃，摊叶厚度比打毛火时稍厚，通常为 1.5～2 厘米。

②自动烘干机。茶坯由输送带自动送入烘箱，每分钟上叶 3～4 千克。摊叶厚度掌握在 1～1.5 厘米，最后自动卸叶。烘焙时间快速约 10 分钟，中速约 15 分钟，慢速约 20 分钟，生产上一般多采用快速或中速。打足火后的茶坯同样要及时摊凉。打足火时，温度 80～90℃，适宜中速或慢速。

（二）红茶

125. 小种红茶加工的技术要点有哪些？

小种红茶是福建特有的一种红茶，产于崇安县星村镇桐木关村，称正山小种，品质最优。外形条索肥实，色泽乌润，汤色红浓，香气高长、带松烟香，滋味醇厚，带有桂圆汤味。

（1）**鲜叶原料**。5 月上旬开采春茶，6 月下旬采制夏茶，一般采半开面三四叶。

（2）**萎凋**。一般以室内加温萎凋为主、日光萎凋为辅。肥壮芽叶

或老嫩不匀的鲜叶，萎凋程度难以一致，可采用日光萎凋和室内自然萎凋交替进行。

室内加温萎凋俗称"焙青"，在"青楼"内进行。"青楼"分上、下两层，不设楼板，中间用横档（木条）隔开，横档每隔 3～4 厘米设 1 条，上铺放青席，供摊叶用。搁木（大梁）下 30 厘米处设焙架，供熏焙干燥时放置水筛。

加温时室内门窗关闭，在楼下地面上直接燃烧松柴。为使室温均匀，火堆采用 T 形、"川"字形或"二"字形排列。每隔 1～1.5 米一堆，有用单块松柴片平放，也有用两块松柴架高，点燃后使其慢慢燃烧，室内温度均匀上升。待焙青室温度升至 28～30℃时，把鲜叶均匀抖散在青席上，厚度 10 厘米左右。每 10～20 分钟翻拌 1 次，使萎凋均匀。翻拌时动作要轻，以免碰伤叶面。雨水叶要抖散，并严格控制室温，防止因温度过高而烫伤叶片。室内加温萎凋的优点是不受气候条件影响，萎凋时鲜叶能直接吸收烟味，使毛茶烟量充足，滋味鲜爽活泼。

日光萎凋是在室外利用向阳位置搭起"青架"，架上铺设竹席，竹席上再铺青席，供晒青用。萎凋时将鲜叶抖散在青席上，摊叶厚度为 3～4 厘米，每隔 10～20 分钟翻拌 1 次，至叶面萎软，失去光泽，梗折不断，青气减退，略有清香即为适度。日光萎凋时间长短，依阳光强弱、鲜叶含水量高低而定，一般需 1～2 小时。日光萎凋鲜叶不能直接吸收松烟，毛茶吸烟量不足，滋味不够鲜爽。

（3）揉捻。用 55 型揉捻机，每机装叶 30 千克，揉捻时间一般为 60 分钟左右，中间停机解块 1 次，揉至叶汁挤出，条索紧结圆直，即可下机解块发酵。

（4）转色。将揉捻叶装满大箩筐，厚 30～40 厘米，中间可掏一孔，以便通气。上覆盖湿布，以保持湿度。春天气温较低时，可将箩筐置于焙青间内，以提高叶温，促进转色。转色经 5～6 小时，有 80% 以上叶色呈红褐色、青气消失、茶香显出即为适度。

（5）过红锅。传统制法用平锅，待锅温达 200℃时，投入转色叶 1.5～2 千克，双手迅速翻炒，经 2～3 分钟，叶片受热，叶质柔软，即可起锅复揉。锅炒时间不宜过长，必须保留适当水分，防止复揉时叶条断碎。

(6) 复揉。 把过红锅的炒叶趁热揉捻 5～6 分钟，使条索更为紧结，揉出更多茶汁，以增加茶汤浓度。复揉后，下机解块并及时干燥。若放置过久，会转色过度，影响品质。

(7) 熏焙。 传统的熏焙方法是将复揉叶薄摊于筛孔为 0.4 厘米×0.8 厘米的水筛上，每筛摊叶 2～2.5 千克，置于"青楼"下层的焙架上，呈斜形鱼鳞状排列，让热烟均匀穿透叶层，地面燃烧松柴片，明火熏焙。焙至八成干时，将火苗压小，降低温度，增大烟量，使湿坯大量吸收松烟香味。熏焙时不要翻拌，一次熏干，以免条索松散。熏焙一批需 8～12 个小时。目前多改用烟道熏焙。在"青楼"外选择地势较低处，挖设简易柴灶，灶口迎风。灶口宽 30 厘米、高 40 厘米，呈拱形，灶深 2 米，灶内离灶口 70 厘米处开始向后上方倾斜，直达烟道口。烟道口设在焙间内，分出 2 条烟道，将焙间分隔成 3 等份，使热烟在焙间分布均匀。烟道前段深 30 厘米，尾部深 15 厘米，保持焙间温度前后一致。

(8) 复火。 毛茶出售前需进行复火。在焙楼上将毛茶堆成大堆，低温长熏，使毛茶含水量不超过 8%，在干燥的同时吸足烟量，以提高毛茶品质。

126. 工夫红茶加工的技术要点有哪些?

工夫红茶品类多、产地广。按地区命名有滇红工夫、祁门工夫、浮梁工夫、宁红工夫、湘江工夫、闽红工夫（含坦洋工夫、白琳工夫、政和工夫）、宜红工夫、川红工夫、越红工夫、台湾工夫、江苏工夫等。

品质特征：原料细嫩，外形条索紧直、匀齐，色泽乌润；香气浓郁，滋味醇和而甘浓；汤色、叶底红艳明亮，具有形质兼优的品质特征。

(1) 鲜叶原料。 要求嫩、鲜、匀、净。采摘标准为：春茶 1 芽 2 叶、3 叶初展，夏茶以 1 芽 2 叶为主。

(2) 萎凋。 含水量以 60%～64% 为适度标准。根据鲜叶嫩度不同，萎凋程度掌握"嫩叶重萎凋，老叶轻萎凋"的原则。一般"宁轻

勿重"，严防萎凋过度。

萎凋槽是人工控制的半机械化加温萎凋设备，一般茶厂已普遍使用。由鼓风机送入的热空气，开始风温不超过 35℃，1 小时后逐渐降低到 30℃ 左右，下叶前 15 分钟停止加温，鼓冷风。在低温、多雨季节，摊叶厚度一般不超过 12 厘米，干旱、北风天时，摊叶厚度可稍厚些，一般不宜超过 20 厘米。叶片摊放时要抖散、摊平，呈蓬松状态，保持厚薄一致，使通风均匀，感官上以槽面叶片微微颤动，但不出现空洞为宜。一般在停止鼓风时翻抖 1 次，要求上下层翻透抖松，使叶层通气良好。翻拌动作要轻，以免损伤芽叶。萎凋时间长短与鲜叶老嫩度、含水量、温度、摊叶厚度、翻拌次数等因素都有密切的关系，应根据鲜叶和工艺的具体情况灵活掌握。但是温度高，萎凋时间短，对红茶品质不利。

室内自然萎凋是室内排设萎凋架，架上放置萎凋帘，鲜叶摊于萎凋帘上萎凋。室内要求通风良好，避免日光直射。室温 20～24℃，相对湿度 60%～70%，每平方米萎凋帘上摊叶 0.5～0.75 千克，萎凋时间控制在 18 小时左右。如果空气干燥，相对湿度低，8～12 小时即可完成萎凋。

日光萎凋是鲜叶均匀摊放在晒簟上，摊叶量约每平方米 0.5 千克，以叶片基本不重叠为度。中间翻叶 1 次，结合翻叶适当厚摊。萎凋达一定程度时，须移入阴凉处摊放散热，并继续萎凋至适度。烈日下不宜进行日光萎凋。

（3）揉捻。一般采用揉捻机分次揉捻，投叶量根据揉捻桶径大小和叶质情况确定。大型揉捻机（如桶径 92 厘米）一般揉捻 90 分钟，嫩叶分 3 次揉，每次 30 分钟；中级叶分 2 次揉，每次 45 分钟；较老叶可延长揉捻时间，分 3 次揉，每次 45 分钟。中小型揉捻机一般揉 60～70 分钟，分 2 次揉，每次 30～35 分钟，粗老叶揉捻时间可适当延长。保持室温 20～24℃，相对湿度 85%～90% 较为理想。揉捻加压要掌握"轻、重、轻"的原则，即先空揉理条，然后轻压，后逐渐中压、重压，最后再轻压。每次加压 7～10 分钟，松压 2～3 分钟，交替进行，不能一压到底，每次揉捻结束后都要解块筛分。揉捻以细胞破损率 80%～85%，叶片 80% 以上呈紧卷条索，茶汁充分外溢，黏附于茶条表面，用手紧握，茶汁溢出而不成水滴为度。

（4）发酵。 发酵室温一般掌握在 22～30℃；发酵室相对湿度要求达到 90％以上，越高越好；发酵室必须保持良好的通气条件；一般嫩叶宜薄摊，老叶宜厚摊，通常以 8～15 厘米为宜。发酵时间从揉捻开始计算，一般需 2～4 个小时。发酵适度的茶叶要求青草气消失，散发出发酵叶特有的香气，即一种清新鲜浓的花果香味。发酵程度要掌握"宁轻勿重"。

（5）干燥。 烘干机烘焙应掌握"毛火高温，足火低温"。毛火进风温度为 110～120℃，摊叶厚度 1～2 厘米，一般以 10～15 分钟为宜，叶片含水量 20％～25％；足火进风温度为 85～95℃，摊叶厚度 3～4 厘米，以 15～20 分钟为宜，叶片含水量 5％以下；毛火与足火之间摊凉 40 分钟。

127. 红碎茶加工的技术要点有哪些？

红碎茶是外销茶类。为适应国际市场不同销区客户的需求，我国出口红碎茶按品质风格分为两大类型：一是外形匀整、颗粒紧细、粒型较大、汤色红浓、滋味浓厚、价格适当的中下级茶和普通级茶，适合中东地区的国家；二是粒型较小、净度较好、汤色红艳、滋味浓且鲜爽、香气高锐持久的中高级茶，适合欧美、大洋洲等的国家。初制工艺大致分为萎凋→揉切→发酵→干燥。

（1）萎凋。 总体要求适度轻萎凋。如使用转子机揉切时，春季嫩叶萎凋叶含水量以 60％～62％为宜；夏秋季茶萎凋适当偏轻，含水量在 63％～65％。如采用 LTP 锤击机与 CTC 机相配合进行揉切时，萎凋程度要偏轻，萎凋叶含水量掌握在 70％左右。采用洛托凡与 CTC 机结合进行揉切时，萎凋叶含水量控制在 68％～70％。萎凋时间一般不得少于 6 小时，也不宜超过 24 小时，以 8～12 小时为宜。

（2）揉切。 揉切环境要求低温（22～26℃）、高湿（相对湿度 85％以上），宜选择在早、晚进行揉切，同时坚持快揉、快切、快分原则，且加工过程尽量保证茶叶不堆积聚热。揉捻叶卷紧成条（成条率在 80％以上），手握茶有茶汁从指缝中溢出，碎茶细胞破损率达 95％以上。

传统揉切采用揉捻机与圆盘式揉切机，先打条、后揉切。要求短时、重压、多次揉切、多次出茶。萎凋叶先在揉捻机上揉30～40分钟后下机解块筛分，筛下茶直接发酵；筛上茶送圆盘式揉切机揉切，切后筛分，重复上述操作直到仅有少量茶头为止。揉切时，加压和松压交替，一般加压5～8分钟，减压2～3分钟。揉切次数和揉切时间视气温、叶质嫩度而定。

转子机揉切分转子机组揉切、揉捻机＋转子揉切机揉切、揉捻机＋揉切机＋转子揉切机揉切3种。第一种方式是将萎凋叶直接放进转子揉切机切细；第二种是将萎凋叶先进行20～30分钟揉捻，然后解块筛分，筛下茶直接进行发酵，筛上茶进入转子揉切机进行切细处理，重复上述操作直到仅有少量茶头为止；第三种方式是将萎凋叶先进行20～30分钟揉捻，然后用圆盘式揉切机揉切10～20分钟，然后下机筛分，筛下茶进入发酵工序，筛上茶进入转子揉切机反复多次切分直到仅有少量茶头为止。

CTC机揉切一般分为转子揉切机与三联CTC组合、LTP与二次CTC组合两种方式。前者是将萎凋叶先用转子揉切机揉切后再进入3台联装CTC机进行深度揉切，揉切叶经解块打散后进入发酵工序；后者是将萎凋叶先进行LTP机锤切后再进入2台联装的CTC机进行揉切，然后下机解块后进入发酵工序。

(3) 发酵。通常采用发酵盒（木制、竹制或铝制）等常规发酵设备摊叶厚度8～12厘米，输送带式发酵摊叶厚度0.5～1厘米，发酵车式发酵摊叶厚度45～60厘米，注意茶叶的通风透气。发酵室温度22～26℃、相对湿度90％以上，发酵叶叶温不超过30℃。以叶色黄绿、青草气基本消失、略有清香为适度。

(4) 干燥。采用热风烘干，分毛火和足火两次进行。一般毛火进风口温度110～120℃，摊叶厚度1～2厘米，烘至茶叶含水量20％左右，下机摊凉；足火进风口温度90～100℃，摊叶厚度2～3厘米，烘至茶叶含水量5％以下。

128. 花果香型红茶加工的技术要点有哪些?

花果香型红茶是在工夫红茶加工技术的基础上，选用高香的茶树品种并进行工艺改良，试制而成的特色红茶。其品质特征为条索紧结、肥壮有锋苗，叶色乌黑润泽；花果香浓郁；滋味浓醇甘爽、水中香显，汤色橙红、明亮清澈；叶底红匀。

花果香型红茶初制基本工序：鲜叶→日光萎凋→荡青→室内萎凋→揉捻→发酵→烘干。

(1) 鲜叶原料。一般为金牡丹、茗科1号、茗科2号、瑞香、黄玫瑰、梅占、白芽奇兰、紫玫瑰、春闺、春兰、水仙、黄棪、佛手、八仙茶等高香型乌龙茶品种1芽1叶、1芽2叶、1芽3叶或小至中开面的鲜叶。

(2) 日光萎凋。在较弱日光条件下或遮阳网下进行日光萎凋，每平方米摊青1千克左右，当减重率7%～8%时，移入室内薄摊，摊凉1小时左右，再进行日光萎凋，减重率5%～7%（总减重率12%～15%）。再移至室内进行摊凉，1～2小时后，待青叶还阳（恢复原态）进入下一道工序。忌全程日光萎凋。

(3) 荡青。原料倒入可变速的荡青机中，转速为每分钟10转，荡青时间的长短视品种发酵的难易程度而定。第一次荡青时间2～3分钟，荡青结束，将在制品摊放在萎凋筛上，厚度1.5厘米左右，摊放时间1.0～1.5小时；第二次荡青机转速每分钟15转，荡青时间5～7分钟，下机摊放时间2小时，厚度1.5厘米左右；第三次荡青与否，视在制叶的颜色而定，叶色转黄绿，叶缘部分有红点，香气从青气转清花香即荡青适度；如叶色偏青，可进行第三次荡青，荡青时间根据叶色情况而定；如叶缘红边较显，荡青过重，不宜进行第三次荡青。

(4) 室内萎凋。萎凋室适宜温度23～26℃，适宜相对湿度65%～75%。萎凋叶厚度1.5～2.0厘米，当萎凋叶服贴在筛面时应进行并筛，3筛并2筛，萎凋后期宜2筛并1筛。萎凋程度以叶质柔软，梗折不断，手捏可成团、松手不易散，青草气减退，愉悦的花香透出为适度；萎凋叶含水率58%～60%，嫩叶重萎凋，老叶、难发酵品种轻萎凋。从荡青至萎凋结束历时13～16小时。

(5) 揉捻。揉捻时间视鲜叶嫩度而定。1芽1叶、2叶：空压5分钟→轻压10分钟→中压5～15分钟→松压5分钟→中压12～18分钟→松压5分钟；1芽2叶、3叶初揉：空压5分钟→轻压5分

钟→中压 15 分钟→松压 5 分钟→中压 12 分钟→重压 12 分钟→松压 5 分钟，复揉（经解块筛分后的筛面茶）：轻压 3 分钟→中压 3 分钟→重压 20 分钟→松压 4 分钟。小至中开面初揉：空压 3 分钟→轻压 5 分钟→中压 5 分钟→重压 17 分钟→松压 3 分钟→轻压 3 分钟→中压 5 分钟→重压 17 分钟→松压 5 分钟，复揉（经解块筛分后的筛面茶）：轻压 3 分钟→中压 3 分钟→重压 20 分钟→松压 4 分钟。揉捻以卷曲成条达 90％以上、叶细胞破碎率 80％以上为度。

（6）发酵。发酵室温度 24～26℃，湿度 90％～95％，发酵时间 2～3 小时。发酵叶摊放厚度：幼嫩 1 芽 1 叶、2 叶 4～6 厘米，1 芽 2 叶、3 叶 6～8 厘米，小至中开面 10～12 厘米。每隔半小时翻拌 1 次。青草气适度消失，清新花果香呈现，叶色红变，嫩叶红匀，老叶红里泛青，即发酵适度。

（7）烘干。茶叶初烘风温 100～110℃，摊叶厚度 1.5～2.0 厘米，烘到七八成干，下机摊凉 1 小时左右，摊叶厚度 3～5 厘米。足火风温 85～90℃，摊叶厚度 2.0～2.5 厘米，烘至足干。初烘后茶叶含水率 25％左右下机摊凉，足火后茶叶含水率为 5.5％～6.5％。

（三）乌龙茶

129. 闽北乌龙茶加工的技术要点有哪些？

闽北乌龙茶要求外形条索紧结壮实、色泽乌润，内质香气浓郁清长、滋味醇厚、汤色橙红清澈，叶底软亮，红边显。以武夷岩茶为代表的闽北乌龙茶毛茶加工基本流程为：鲜叶→萎凋→做青→炒青与揉捻→烘焙→毛茶，最突出的工艺特点是：重晒青，轻摇青，发酵程度相对较重，没有包揉造型工艺（视频 3）。

视频 3　闽北乌龙茶初制加工技术

（1）采摘标准。小开面采 4 叶、中开面采 3 叶、大开面采 2 叶、对夹叶或 1 芽 4 叶。

（2）萎凋。晴天采用日光萎凋，阴雨天采用加温萎凋。萎凋标准为叶面光泽消失，叶色转暗绿色，发出微青草味，顶两叶垂软，减重率 10％～15％，失水均匀。

①晒青（日光萎凋）。晴或多云天气时，室外温度 22～35℃，将鲜叶均匀薄摊在水筛、竹席或晒青布上，每平方米摊叶 0.5～0.75千克，厚度 2～3 厘米，萎凋全过程应控制翻拌 2～3 次，总历时为30～60 分钟。

②加温萎凋。阴雨天气多使用萎凋槽和综合做青机加温萎凋，萎凋风温先高后低，控制在高 38℃至低 30℃，先高后低。萎凋槽萎凋一般每平方米摊叶 7～8 千克，约 30 分钟翻动 1 次，历时 30～60 分钟；综合做青机吹风萎凋时，雨水青应先用冷风吹干或脱水机甩干，再吹热风萎凋，每 10～15 分钟开动做青机转动几转以翻动萎凋叶，总历时无水青叶为 1.5～2.5 小时，雨水青为 3～4 小时。

(3) 做青。做青环境温度为 20～30℃，以 24～26℃最适宜；相对湿度范围为 50％～90％，以 70％～80％为适宜。生产上主要采用综合做青机做青。装叶量控制在做青机容量的 2/3 左右，摇青、吹风、静置交替进行，一般为 5～6 摇，每 30 分钟吹风 1 次，吹风时间每次逐渐缩短，摇动和静置时间每次逐渐增长，历时 10 小时左右。一般以绿叶红边呈"三红七绿"，叶面背卷呈汤匙状，叶色黄绿具光泽，茶青梗皮表面呈失水皱褶状，香型为低沉厚重的花果香，手触青叶具松挺感，减重率 15％左右为度。最后一次摇青与晾青后需直接进行堆青，俗称"发篓"，堆厚 30～50 厘米，历时 2～3 小时，堆至香气明显，红边面积约占 1/3，手插入堆中有微热感时为适度。

(4) 机械炒青与揉捻。炒青主要使用 110 型滚筒炒青机。炒青温度 240～260℃，前中期旺火高温，后期低火低温，投叶量 15 千克左右，历时 5～8 分钟。炒青时掌握适当高温。先高后低，即：闷炒为主，扬闷结合，"老叶嫩杀，嫩叶老杀"，投叶适量，快速短时，炒至叶态干软，叶片边缘起白泡状，手揉紧后无汁水溢出且呈黏手感，青气尽去呈现清香味，叶含水量 60％左右即可。将炒青叶趁热放入揉捻机，装叶量为揉筒容量的 90％左右，揉捻过程掌握先轻压、后逐渐加重压，中途需减压 1～2 次，即采用"轻→重→轻"的加压原则。揉捻历时 8～10 分钟。以茶汁外溢、紧直成条达 80％以上为揉捻适度。

（5）**烘焙**。分毛火与足火。毛火温度 110～130℃，摊叶厚度 2～3 厘米，历时 8～12 分钟，至茶叶微带刺手感，而后摊凉 1 小时后转足火。足火温度 90～100℃，摊叶厚度与毛火同，烘至足干，水分含量 6％～7％，色泽乌褐油润。梗叶粗大、肥厚、含水量高的品种，烘温可稍高；节间短、叶质薄、含水量低的品种，烘温可酌情降低，时间适当缩短。

130. 清香型闽南乌龙茶加工的技术要点有哪些？

清香型闽南乌龙茶（彩图 16）外形颗粒圆结重实、色泽砂绿油润或乌润，内质香气馥郁、滋味醇厚鲜爽回甘、汤色橙黄或蜜绿，叶底软亮、匀齐。产品有铁观音、黄金桂、白芽奇兰、永春佛手等，其中铁观音以其特有的"观音韵"蜚声海内外。

清香型乌龙茶的初制工艺流程为：鲜叶→萎凋→做青→炒青→去红边与摊凉回潮→包揉与烘焙（初包揉→初焙→复包揉→复焙→静置定型→足火）→毛茶。突出的工艺特点是：轻晒青、轻摇青、长晾青、重杀青（杀青叶较干）、重包揉（包揉次数多）、杀青后去红边、做青结束前不经堆青发酵、杀青后不经揉捻而直接进行包揉。

（1）**采摘标准**。小、中开面 2、3 叶，按标准分批适时采摘，闽南乌龙茶鲜叶原料较闽北乌龙茶嫩。

（2）**萎凋**。多采用设施晒青技术，即利用遮阳率为 50％～70％ 的遮阳网进行晒青。天气炎热干燥时，可采取少晒、间歇晒或以晾代晒等多种方式。摊叶量约每平方米 1 千克。晒青程度以晒青叶减重率 4％～7％ 为适宜；叶表略失光泽，叶色略转暗绿，顶二叶微垂。晒青后将晒青叶移入室内晾青 30～60 分钟，以降低青叶的温度，促使梗叶的水分重新平衡。

（3）**做青**。做青间采用空调等设备调控温湿度，适宜温度为 18～22℃，相对湿度以 65％～75％ 为宜。摇青与晾青交替进行 3～4 次，转速为每分钟 5～15 转。摇青次数一般为 3 次，第一次摇青要轻，时间要短，目的是摇"均匀"，使新梢稍微"走水"，做青叶均匀一致；第二次摇青"摇活"，促进梗叶内水分及物质的运输和转化；第三次摇青"摇香"，摇至花香显露。若摇青不足，可适当采取辅助性措施摇青。最后一次摇青后薄摊，进行 10～15 小时的长时间晾青。整个做青工艺总历时 20～30 小时。做青期间要适当通风。做青适度时叶态呈汤匙状，叶缘垂卷，做青叶红边红点占叶面积的 10％左右，即"一红九绿"，叶色呈浅绿色，清香显露，减重率约 30％，含水量 60％即可进行炒青。

(4) 炒青。 普遍采用 6CST - 90 型燃气式滚筒炒青机完成，在 280～300℃时投叶杀青，高温快炒，以闷炒为主，多闷少透，闷抖结合，炒熟炒透，不生不焦。每筒投叶量 3～4 千克，以含水量 40％左右为炒青适度。

(5) 去红边与摊凉回潮。 抖散炒青叶水蒸气后，趁热短时搓揉或用布包裹好甩包撞击，使炒青叶红边碎脱，然后及时筛分，并摊凉回潮。经去红边处理的叶底叶缘欠完整，呈不规则锯齿状。

(6) 包揉与烘焙。 采取"冷包揉"方法。包揉与烘焙交替进行，包揉需要速包机、平揉机（球茶机）、松包机 3 种配套设备。速包机用于速包作业，兼具紧包与收缩茶条功能，成球快速；平揉机用于平揉作业，作用是产生高强度的搓揉挤压，促进茶条卷紧；松包机用于解团、筛末作业，起解散茶包、散热、筛末的作用。

初包揉是将 6～9 千克摊凉叶置于边长约 1.6 米的方形包揉巾中，提起布巾四角即成茶包，将其反转置于另一条茶巾上，上覆垫片，抓起另一条茶巾四角置于速包机上打包，30～60 秒后茶包即成南瓜状。速包时长一般不超过 1 分钟；全过程的用力程度应掌握"松→紧→松"的原则。然后把茶包置于平揉机包揉，历时 3～5 分钟（中间需多次移动上揉盘加压）；最后将经包揉的茶团放入松包机解散、筛末。反复多次包揉（速包→平揉→松包），一般进行 4～5 次。

初焙需要薄摊烘焙，摊叶厚度 1～1.5 厘米，温度 70℃左右。烘焙时，烘干机的门可半开启，利于水蒸气向外快速散发。烘至略有刺手感下机，翻抖散热至温热（37℃左右）时进行复包揉。

复包揉和复焙就是重复初包揉和初焙工序，反复 2～3 次，直至外形达到要求，全程包揉次数 20～30 次。包揉至条索呈半颗粒状时，手工解散茶团，经速包机打包后静置定形 5～10 分钟，随复包揉次数的增加，定形时间逐渐延长，最后一次速包后，静置定形约 1 小时。

与初焙相比，复焙温度宜逐次降低。

足火采用"低温慢烘"，分两次进行。第一次烘焙温度 70℃ 左右，烘至九成干，冷却摊放 1～2 小时；第二次烘焙温度 55～60℃，烘焙至足干，即茶叶含水量 5%～6%。足干后的毛茶需经摊凉，而后置于低温环境下贮藏，以保证茶叶的色、香、味品质。

131. 浓香型闽南乌龙茶烘焙的技术要点有哪些？

浓香型闽南乌龙茶（彩图 16）外形条索圆结重实，色泽乌润，匀整洁净；香气浓郁持久，滋味醇厚鲜爽回甘；汤色金黄清澈；叶底肥厚软亮匀整，红边明，有余香。

烘焙是浓香铁观音品质形成的最重要工序，通常分为以下 3 个步骤。

(1) 低温烘焙（沉香）。温度 80～95℃ 烘焙 8 小时左右，主要目的是去除茶叶的青气。

(2) 中温烘焙（定香）。温度 105℃ 烘焙 12 小时左右，通过较高的温度及较长时间烘焙，可以使茶叶内的化学成分进一步发生转变，产生独特的蜜香及火香，并且这样的香型可以固定下来。

(3) 高温烘焙（提香）。温度 115℃ 烘焙 6 小时左右，使蜜香及火香更加融合，汤中香气更加持久。茶叶烘焙完成后，须立即摊凉降温冷却，以快速降低茶叶烘焙温度，散发茶叶内部的热气，稳定茶叶烘焙后的品质水平。

132. 广东乌龙茶加工的技术要点有哪些？

广东乌龙茶外形条索紧结壮实，色泽黄褐油润，似鳝鱼皮色；内质香气浓郁持久，具天然花蜜香，滋味浓厚、爽滑回甘，耐冲泡，汤色橙黄明亮，叶底黄亮，叶缘朱红。产品分为单丛、乌龙、色种等，其中以凤凰单丛品质最佳。其加工工艺及品质特征与闽北乌龙茶相似，发酵程度与闽北乌龙茶相近或稍轻，初制工艺流程为：鲜叶→萎凋→晾青→做青（浪青）→炒青（炒茶）→揉捻→烘焙→毛茶。

(1) 鲜叶。采摘标准为对夹 2、3 叶，一般在新梢形成"小开面"后采适宜成熟度的嫩梢。

（2）**萎凋**。茶青摊凉于室内竹帘或竹筛上，摊叶厚度约 10 厘米，待叶温降低后再进行晒青或加温萎凋，加温萎凋方法与福建乌龙茶基本一致。晒青一般在晴天下午 3—5 时进行。鲜叶均匀摊放，摊叶厚≤3 厘米，气温 22～28℃，晒 20～30 分钟，晒青过程中翻拌 2～3 次。晒青适度时，叶色转暗绿、无光泽，叶质萎软，手摸柔滑，略有香气产生；嫩梢竖直，顶二叶下垂，鲜叶减重率 7%～15%。

（3）**晾青**。萎凋适度后，将 2～3 筛青叶并作 1 筛，摊叶厚约 10 厘米，晾青的适宜温度为 22～28℃，相对湿度为 75%～85%，晾青时间 1～2 小时。晾青过程中不宜翻动青叶，也不宜在高温或当风处晾青。待青叶还阳即恢复紧张状态时为晾青适度，此时 2 筛并 1 筛，轻翻动后，堆成浅"凹"字形，移入做青间，准备做青

（4）**做青**（浪青）。做青间室温以 24～28℃为宜，低于 17℃或高于 30℃要通过空调等设备调温，以利做青。做青是由碰青、摇青和静置 3 个过程往返交替数次而成，次数不低于 4 次，一般为 5～7 次。首先对晾青叶进行 3 次碰青，时间分别为 1.5 分钟、3 分钟和 4 分钟，中间静置时间约 90 分钟；而后第四至六次为筛摇，次数分别为 40 次、70 次和 90 次，中间静置 2 小时左右，每筛摊叶 3～5 千克；第七次为机摇，投叶量 25～35 千克。第三至六次静置时将叶子摊成凹状，使之均匀透气，叶片间温湿度基本一致，第七次机摇后将青叶收拢摊厚。做青过程中，青叶香气发生着一系列的变化：第一至三次，青叶以水青气为主，第四至五次，以青辣气为主，后期出现微花香甜味；第六至七次青气减少，花果甜香显露。做青适度为：叶呈汤匙状，清甜花蜜香显露，红边占叶面积的 20%～30%。

（5）**炒青**（炒茶）。杀青机温度掌握在 200～220℃。炒青按"高温、快速、多闷、少扬"原则进行，一般为 8～15 分钟，炒至叶片皱卷，叶色绿明，梗折不断，清香显露即可。

（6）**揉捻**。采用"温揉"，即炒青叶摊凉至 30℃左右时进行揉捻。揉捻时掌握"轻→重→轻→重→轻"原则，先轻后重，最后减压匀条，下机解块，及时烘焙。揉捻时间为 8～15 分钟。适宜的揉捻程度为：条索紧结，茶汁溢出，细胞组织破损率为 20%～40%。

（7）**烘焙**。烘焙分初焙、二培和复焙，烘焙时青叶需薄摊勤翻，

使干度均匀。初焙时烘干机风温 120～130℃，烘至青叶手捏不粘，稍有刺手感即可摊凉；二焙时，烘干机风温 90～100℃，青叶烘至八成干，摊凉 1 小时；复焙采用焙笼或焙厨，温度60～90℃，其中花香型乌龙茶 60～70℃、蜜香型 80～90℃，中间翻拌 2 次。烘焙适宜程度：清香显露，梗折即断，茶叶手捻呈粉末状，含水量4%～7%。

133. 特色乌龙茶——东方美人茶加工的技术要点有哪些？

东方美人茶起源我国台湾，又名椪风乌龙茶、白毫乌龙（彩图 17），特色是以受茶小绿叶蝉危害的幼嫩 1 芽 1 叶、2 叶为原料加工而成，发酵程度较重。外形白毫显露，白、红、黄、褐相间，犹如花朵，汤色呈琥珀色，鲜艳明亮，甜香明显浓长，带蜜糖香或熟果香，滋味甘甜，鲜爽、醇厚。

（1）**鲜叶原料。** 采摘受茶小绿叶蝉危害的幼嫩 1 芽 1 叶、2 叶，以芽壮、白毫多、叶质柔软为佳。

（2）**萎凋。** 萎凋时间长，萎凋程度较重。萎凋适度时，新芽微显白色光泽，叶面光泽消失，呈波浪起伏状，嫩梗表皮呈皱缩，顶芽及第一叶柔软下垂为好，减重率达 25%～35%。

（3）**做青。** 做青次数和程度多且重。做青至顶芽呈明显银白色，叶缘呈红褐色，叶面 1/3～2/3 呈红褐色，青叶内卷呈汤匙状，手触有刺手感，梗部表皮明显皱缩，蜜糖香或熟果香显，即可杀青。

（4）**杀青。** 杀青温度 140～160℃，不可送风，宜低温长炒，炒至青味消失，发出熟果香，顶芽呈银白色，手握叶缘干脆有刺手感即可。

（5）**回软。** 东方美人茶的特有工序，可避免碎叶及芽叶被揉损。炒后用湿布覆盖包闷静置 10～20 分钟，使青叶回软无刺手感，便可进入揉捻工序。

（6）**揉捻。** 不重视外形条索紧结与否，要求揉捻均匀，芽叶完好无破损，白毫显露，故揉捻时用力宜轻，揉时宜短。

（7）**烘焙。** 温度 80～90℃，焙火时间不宜长，一般一次焙干即可。

134. 特色乌龙茶——漳平水仙茶加工的技术要点有哪些？

漳平水仙茶（紧压四方形）分清香型和浓香型 2 种（彩图 18），特级清香型漳平水仙茶外形色泽砂绿间蜜黄或乌褐油润，花香明显、清高细长、馥郁，滋味浓醇甘爽，汤色金黄明亮，叶底肥厚软亮、红边鲜明、匀齐；特级浓香型漳平水仙茶则外形色泽乌褐油润，香气浓郁，滋味醇厚回甘、品种特征显，汤色金黄、明亮，叶底肥厚软亮、有红边。本书主要介绍清香型漳平水仙茶加工工艺。

(1) 鲜叶原料。 采摘嫩梢驻芽 2 叶、3 叶，即小开面至中开面，分批采摘并保持鲜叶新鲜、完整。

(2) 晒青。 在弱光和中强光下，将茶青均匀薄摊在竹制水筛（直径 90～110 厘米）或竹席、晒青布上，水筛摊叶量为 0.35～0.50 千克，如遇强光可使用遮光度 65%～85% 的遮阳网；时间 15～30 分钟，晒青中途要轻轻翻拌 1～2 次，后期将 2 筛并 1 筛，减重率以 8%～10% 为宜。

(3) 晾青。 将晒青适度的茶青移入晾青间或通风阴凉的室内摊匀上架，让其散发热气，使梗茎叶内部水分重新分布均匀，晾青时间 30～60 分钟。

(4) 做青。 做青间环境温度 18～23℃，空气相对湿度 65%～70%，若天气条件不利于做青，可用空调、除湿机或者工程式空调（可控温控湿）进行适度调节。做青一般 4 次，必要时 5 次。做青前期摇青机轻摇青 2 次，即摇匀、摇活；做青后期摇青 2 次，即摇红、摇香，第三次摇青较重。静置时，适当增加摊叶厚度，堆成"凹"字形，防止堆内叶温过高，减重率以 25%～30% 为宜。摇笼摇青机转速为每分钟 22～25 转，投叶量以摇青机容量的 35%～50% 为宜。

(5) 杀青。 杀青机内径 90 厘米，投叶量 10～15 千克，杀青历时 7～10 分钟，杀青温度 220～240℃。杀青温度先高后低，多闷少透，杀青 4 分钟后，温度下调 10～20℃，以杀青叶减重率 30% 为宜。

(6) 揉捻。 采用 40 型或 45 型揉捻机揉捻，掌握"趁热、重压、短时"，采用"轻→重→轻"加压原则，以揉桶装满叶量为宜，揉捻时间 2～3 分钟，揉捻 20 秒后重压到揉桶 1/2 左右，揉捻 90 秒后轻

揉，将茶叶揉成条状并保持完整，以手握茶条带黏性为宜。

（7）保鲜。在未造形之前，揉捻叶存放在空调房中，温度控制在16℃，揉捻叶拢堆拌匀，平摊厚度10～20厘米，整个做青架用空调布罩住，以免产生闷、酸、沤气。

（8）拣剔。拣剔在空调房中进行，剔除茶叶中木质化的长梗、单梗、黄片及非茶类杂物。

（9）造形。在空调房中进行，室内温度控制在16℃。用木制模具进行压饼造形，木制模具由木模和木槌组成。造形时用热封型滤纸平铺于桌面上，上置木模，将已拣剔好的一定数量的揉捻叶放入木模，用木槌加压造形，移开木模将纸包扎紧，并用电烙铁粘贴定形即成茶饼。经造形的茶坯应及时烘焙，防止茶叶霉变。

（10）烘焙。旋转提香机设定温度85～90℃，将茶饼平铺于茶筛，提香机达到设定温度后，放入茶筛，提香机的门留一小缝以便散发水分，每隔1小时进行上下层对换和翻拌，烘焙历时1～2小时。手压茶饼两边表层有"硬皮"感时，再将温度设定为70～75℃，每隔2小时进行上下层对换和翻拌，烘焙时间1.5～3.0小时，用手捏茶饼有明显粗糙感（七成干）。后转换成炉盘烘干，最底下2层茶饼平分到各茶筛中，设定温度55～65℃，关闭电烤箱门，每隔3小时进行上下层对换和翻拌，烘焙历时19.0～21.5小时，烘至含水率≤5%。

（四）白茶

135. 白茶有哪些品质特征？

白茶因其外表满披白毫、色白如银而得名，其主要品质特征是干茶色白隐绿，毫香显，汤色杏黄明亮，滋味甘醇爽口，叶底柔软明亮。按鲜叶采摘标准和加工工艺分为白毫银针、白牡丹、贡眉和寿眉，品质各有特色。

（1）白毫银针。以大白茶或水仙茶树品种的单芽为原料，因色白如银、形状似针而得此名。干茶外形肥壮，满披白毫，色泽银亮：内质香气清鲜，毫香浓，滋味鲜醇甘爽，汤浅杏黄色、明亮。

(2) 白牡丹。 以大白茶或水仙茶树品种的 1 芽 1 叶、2 叶为原料，外形芽叶连枝，两叶抱一芽，叶态自然，形似花朵，故称白牡丹。干茶叶面色灰绿或墨绿，芽毫色银白，叶背披满白毫；内质毫香显露，滋味鲜醇甘爽，汤色杏黄，清澈明亮。叶底嫩绿或淡绿色，叶脉与嫩梗带有红褐色。

(3) 贡眉。 以群体种茶树品种的嫩梢为原料，形似白牡丹，但形体偏瘦小，品质次于白牡丹。优质贡眉毫心显而多，叶色翠绿，汤色橙黄或深黄，叶底匀整、柔软、鲜亮，叶片主脉迎光透视呈红色，味醇爽，香鲜纯。

(4) 寿眉。 以大白茶、水仙或群体种茶树品种的嫩梢或叶片为原料，品质次于贡眉，成茶不带毫芽，色泽灰绿带黄，香气低带青气，滋味清淡，汤色呈杏绿色，叶底黄绿粗杂。

136. 白毫银针加工的技术要点有哪些？

白毫银针初加工工艺流程：鲜叶→萎凋→烘焙→毛茶。

(1) 鲜叶原料。 选择晴天采摘肥壮芽头。

(2) 萎凋。 鲜针及时均匀薄摊于萎凋帘或水筛上，萎凋温度15～25℃，夏秋茶温度 25～35℃。加温萎凋室内温度 25～35℃。正常气候的自然萎凋总历时 40～60 小时，加温萎凋总历时 16～24 小时。萎凋适度时的萎凋叶含水量为 18％～26％。萎凋芽叶毫色银白，叶色转变为灰绿或深绿；叶缘自然干缩或垂卷，芽尖、嫩梗呈"翘尾"状。

(3) 烘焙。 烘焙温度 80～90℃，历时 1～2 小时，烘至足干。

137. 白牡丹加工的技术要点有哪些？

白牡丹初加工工序与白毫银针基本一致：鲜叶→萎凋→烘焙→毛茶。

(1) 鲜叶原料。 采摘标准高级白牡丹鲜叶为 1 芽 1 叶、2 叶初展，普通白牡丹鲜叶以 1 芽 2 叶为主，也采 1 芽 3 叶和幼嫩对夹叶。

(2) 萎凋。

①室内自然萎凋。鲜叶进厂即摊放于萎凋帘或水筛上，一般萎凋

帘摊叶厚 2～3 厘米，水筛每筛摊叶 0.4～0.5 千克。春季萎凋温度 18～25℃、相对湿度 67%～80%，夏秋季萎凋温度 25～35℃、相对湿度 60%～75%，萎凋总历时 48～60 小时。当萎凋至七八成干时，须进行并筛处理，一般小白茶八成干时两筛并一筛：大白茶并筛分 2 次进行，七成干时两筛并一筛，八成干时再两筛并一筛，并堆成凹状。中低级白茶可堆放，萎凋叶含水量 30%左右时堆厚约 10 厘米，含水量 25%左右时堆厚约 25 厘米，含水量不宜低于 20%，否则不能转色。并筛后继续萎凋 12～14 小时，萎凋叶达九成干时即可下筛。

②复式萎凋。春秋季的晴天，室内自然萎凋应结合微弱日光萎凋进行，一般室外温度 25℃左右，相对湿度约 65%，晒青 25～35 分钟；室外温度 30℃左右，相对湿度低于 60%，晒青 15～20 分钟。

③加温萎凋。阴雨天气，将鲜叶均匀摊放在萎凋槽的盛叶框内，摊叶厚 20～25 厘米，以叶层不被风吹成空洞为度。风温约 30℃，全程历时 20～36 小时，中间翻拌数次，翻拌动作宜轻。鼓热风和停吹交替进行，一般鼓热风 1 小时停吹 10 分钟，下叶前 20 分钟宜停止加温，改为鼓冷风以降低叶温。萎凋叶达八成干时，及时堆积 3～5 小时，堆厚 20～30 厘米。若鲜叶含水量过低，则要增加堆积高度，或装入布袋中，或装入竹筐中，堆中温度控制在 22～25℃。以萎凋叶嫩梗和叶主脉变为深红棕色，叶色转为暗绿或灰绿，青臭气散失，茶叶清香显露为度。

(3) 烘焙。 九成干的萎凋叶采用一次烘焙法，掌握风温 70～80℃，摊叶厚度约为 4 厘米，历时约 20 分钟，烘至足干。

138. 花香型白茶加工的技术要点有哪些？

花香型白茶加工主要工艺流程：鲜叶→摊青→萎凋→并筛→烘焙→毛茶（视频 4）。

(1) 鲜叶原料。 选用高香型乌龙茶品种如金观音、黄观音、黄玫瑰、瑞香、梅占等的鲜叶，要求鲜叶嫩度、匀度和新鲜度均要保持良好。

(2) 摊青。 鲜叶进厂后及时均匀薄摊于萎凋帘或水筛上，芽叶不重叠。摊放 1 芽 2 叶的白牡丹鲜叶，一般要求摊

视频 4　花香型白茶初制加工技术

叶量约为每平方米 1 千克。如采用配备具有吹风、加温功能的萎凋槽或萎凋机等设备摊叶，切忌厚堆，一定要保证薄摊，摊叶量不超过每平方米 5 千克。不建议使用萎凋槽加工白茶。

（3）萎凋。根据气候条件和鲜叶等级，灵活应用室内自然萎凋、日光萎凋、加温萎凋或复式萎凋。萎凋时环境温度控制 30℃ 以下，湿度控制在 65%～80%。采用萎凋槽等设备吹热风时，风温在 35℃以下；萎凋叶要求九成干以上，萎凋时间不得超过 72 小时。室内自然（加温）萎凋要保证有足够的通风量。日光萎凋温度控制在 30℃以下，最高不得超过 35℃。生产中，如遇日光较强的天气，日晒一般在上午 9 时或下午 4 时 30 分进行。

（4）并筛。当萎凋叶毫色发白，叶色转灰绿或铁灰，叶尖翘起呈"翘尾"状，青气减退，七八成干即可进行两筛或多筛并成一筛。并筛后摊成"凹"字形，厚 10～15 厘米，至九成干以上时进行干燥，历时 12～14 小时。高档茶可分两次进行（七成干时两筛并一筛，八成干时再两筛并一筛）；低档茶可堆放，堆放时萎凋叶含水量不低于 20%，否则不能"转色"。

（5）烘焙。可采用焙笼烘焙和机械烘焙。九成干以上的萎凋叶，焙笼烘焙烘温 60～70℃；机械烘焙时，采用 80℃ 风温，摊叶 4 厘米厚，慢速烘焙，历时 20 分钟，一次干燥。

139. 白茶饼加工的技术要点有哪些？

白茶饼加工主要工艺流程：毛茶加工→称茶→蒸茶→整形→压制→摊凉→干燥。

（1）毛茶加工。压饼前毛茶先进行加工，先拣剔去除粗梗、蜡片、毛发等夹杂物，然后将不同品种、产地、生产批次的毛茶进行拼配、匀堆、复焙。

（2）称茶。称茶也起到分样的作用，每块茶饼要尽量保证质量一致，要求各个茶饼间的质量差异不超过 2%。

（3）蒸茶。蒸茶主要起提高茶叶含水量，软化干茶的作用。蒸茶时间控制在 15～60 秒，同时茶叶含水量控制在 25% 以内。较粗老的茶适当增加蒸茶时间，较嫩的茶适当缩短蒸茶时间。

（4）整形。 茶叶蒸完后，可以用布包好，整理成扁球形状，也可以直接将蒸好的茶叶置于压饼机械的模具中，均匀铺平，以保证压饼时茶饼的各个位置压力相对一致。

（5）压制。 茶饼压制采用液压机，压力一般在 5～15 吨，压制时保压 2～3 分钟，至饼块不松散即可，切忌压制过紧。

（6）摊凉。 茶饼压制后，解掉布袋摊凉至室温。

（7）干燥。 低温烘干，温度控制在 40～60℃，烘至足干，一般需要 2 天左右。可以用烘房也可以用烘箱，用烘箱烘焙时，最好将烘箱门开一小缝，以免产生闷味。茶饼烘干后，及时包纸装箱入仓。

140. 白茶饼鲜压加工的技术要点有哪些？

鲜压即是直接采用萎凋叶进行茶饼压制，关键要控制好萎凋干度和萎凋"发酵"程度，主要工艺流程：鲜叶→萎凋→分样→压饼→包纸→干燥。萎凋要求减重率达到 60%～65% 即可，萎凋叶匀堆 1～2 小时，促使萎凋叶内水分均衡，同时促进萎凋"发酵"。然后对萎凋叶含水率进行测定，根据萎凋叶含水率与茶饼烘干后的含水率要求，计算每块茶饼压制时需要称取的萎凋叶的量，即称茶前要先确定每块茶饼的萎凋叶用量，同时要求各个茶饼间的质量差异不超过 2%。压饼、烘干要求同白茶饼加工。因萎凋叶含水量相对较高，同时萎凋叶均匀度较干茶差，弹性较强，烘干时易松散，因此在压饼结束后，要立即进行包纸作业，然后烘干。

141. 金花白茶加工的技术要点有哪些？

金花白茶是以白茶毛茶为原料，经验收归堆、精制整理、半成品拼配、渥堆、汽蒸、压制定形或不压制定形、发花、烘干等工序制成的散型或紧压型白茶产品。其品质特征较传统白茶有较大差别，"发花"白茶饼陈香显著，甜香中带有枣香，汤色红亮，滋味陈醇、无涩味，叶底红棕色。"发花"后白茶氨基酸含量快速下降，因此不具有白茶传统的鲜爽滋味。主要工艺流程：白茶散茶→渥堆（24 小时）→汽蒸（145℃，10 秒）→手筑压制→发花（恒温恒湿烘房，温度 27℃，湿度 90%，历时 12 天）→干燥（8 天）→成品金花白茶。

（五）黑茶

142. 黑茶有哪些基本特征？

黑茶是加工过程中有微生物参与品质形成的后发酵茶，在加工、贮藏和运输过程中，由于微生物的胞外酶作用，产生了许多其他茶类中没有的或者含量很低的生化物质，构成了有别于其他茶类的功能物质组学特征，在调节机体糖代谢和蛋白质代谢、预防代谢综合征以及保护肝脏代谢、调解肠胃功能等方面具有独到的保健养生功效。

黑茶要求原料成熟度相对较高，一般都是茶树形成驻芽后开采，叶老梗长，产品外形粗大。黑茶初制加工中，在杀青、揉捻工序后有一道特殊的"渥堆"工序，茶叶中的黄酮类、多酚类、生物碱等具有刺激性、收敛性的物质发生了深度的氧化、聚合、水解，造就了黑茶味醇而少爽、味厚而不涩的品质特征；香气一般纯正无粗青，依茶叶品类不同，还具有陈香、菌花香、槟榔香等特殊香味，汤色橙黄或橙红，叶底相对粗老而柔软。

不同黑茶产区，由于原料基础不同、工艺技术不同，特征和品质也各有差异。根据产地主要分为湖南黑茶、四川黑茶、云南普洱茶、湖北老青茶、广西六堡茶。

143. 湖南黑茶有哪些品质特征？

湖南黑茶有散装茶和紧压茶两大类

(1) 散装黑茶。散装黑茶又称篓装黑茶，有天尖、贡尖、生尖 3 种。天尖系特级、一级黑毛茶加工而成：外形较紧实圆直、色泽较黑润，内质香气纯正或带松烟香，汤色橙黄，滋味醇厚，叶底黄褐尚软；贡尖系二级黑毛茶加工而成，品质较次；生尖系三级黑毛茶加工而成，品质较为粗老。

(2) 紧压黑茶。紧压黑茶按形状分为砖形和柱形两类，砖形主要有茯砖茶、黑砖茶、花砖茶；柱形主要有千两茶或百两茶（亦称花卷茶）。

①茯砖茶。长方砖形，长 350 毫米、宽 185 毫米、高 45 毫米，

重量为2千克。砖面平整，厚薄一致，松紧适度，金花普遍茂盛，砖面褐黑色（特制茯砖）或黄褐色（普通茯砖），砖内无黑霉、白霉、青霉、红霉等杂菌；内质香气纯正或带松烟香，有菌花香，汤色橙黄，滋味醇和或纯和（普通茯砖），叶底黄褐较匀。

②黑砖茶。长方砖形，长350毫米、宽185毫米、高33毫米，重量为2千克。砖面平整，模纹图案清晰，棱角分明，厚薄一致，色泽黑褐，无黑霉、白霉、青霉；内质香气纯正或带松烟香，汤色橙黄，滋味醇和，叶底黄褐尚匀。

③千两茶（花卷茶）。圆柱形，长1666毫米，圆周长570毫米，重量为31.25千克。外形挺拔匀称，松紧适度，包裹严实；内质香气纯正，汤色橙黄或橙红，滋味醇尚厚，叶底黄褐尚软。

144. 湖南黑茶（安化黑茶）加工的技术要点有哪些？

传统的湖南黑茶产区包括安化黑茶产区和临湘黑茶产区。本书主要介绍安化黑茶加工技术。

各类安化黑茶成品均是以安化黑毛茶为原料，通过后续不同的再加工工序而制成的。黑毛茶品质要求：干茶色泽黑褐油润，香气纯正或略带松烟香，汤色橙黄明亮，滋味醇和微涩，叶底绿褐或黄褐调匀。

（1）黑毛茶加工。安化黑毛茶分为特级、一级、二级、三级、四级、五级、六级，共7个等级，加工安化黑毛茶的鲜叶原料嫩度要求是：特级黑毛茶以谷雨前后的1芽1叶、2叶的鲜叶为主；一级黑毛茶以谷雨后或4月下旬1芽2叶、3叶的鲜叶为主；二级黑毛茶以立夏前后或5月上旬1芽3叶和1芽4叶初展鲜叶为主；三级黑毛茶以5月中旬前后1芽4叶或同等嫩度的对夹叶为主；四级黑毛茶以小满前后1芽5叶或同等嫩度的对夹叶为主，稍带嫩梗；五级黑毛茶以春茶末以后的对夹5、6叶及部分嫩梢为主；六级黑毛茶以芒种后采下的对夹叶驻梢及带红梗的成熟新梢为主。加工安化黑毛茶的鲜叶原料须严格按验收标准收购，杜绝用品质劣变的鲜叶加工安化黑毛茶。

安化黑毛茶加工的基本工艺流程：鲜叶摊放→杀青→初揉→渥堆→复揉→干燥。

①鲜叶摊放。鲜叶采收后应合理贮青，鲜叶摊放厚度≤30厘米，摊放时间为2～6小时。加工四级以下的黑毛茶或者在立夏以后加工黑毛茶时，鲜叶可不经摊放即行杀青。

②杀青。在杀青前对鲜叶原料进行洒水加湿处理，俗称"洒水灌浆"（也叫"打浆"或"灌浆"）。洒水量一般为鲜叶重量的10%左右，按照"嫩叶少洒，老叶多洒；春茶少洒，夏、秋茶多洒；细嫩芽叶、雨水叶、露水叶不洒"的原则灵活进行。要注意边洒水、边翻拌鲜叶，使洒水均匀一致，叶面、叶背都要有水附着，以水不往下滴为度。机械杀青常用CS-80型或CS-90型滚筒杀青机，当滚筒内壁温度达到280℃时开始投叶，依鲜叶的老嫩、含水量多少来调节投叶速度快慢，以保证杀青适度。

③初揉。杀青后趁热进行，目的是使叶片初步卷紧成条，破损叶细胞，茶汁附于叶的表面。要掌握"轻压、短时、慢揉"的原则，按"轻→重→轻"加压，初揉用时10～15分钟即可。初揉达到嫩叶成条，老叶大部分呈皱褶状、小部分呈"泥鳅条"状即可，细胞破损率约20%。

④渥堆。渥堆是黑茶加工中的特有工序，也是形成安化黑茶特有品质的关键性工序。应在背窗、洁净的地面上铺篾垫进行，避免阳光直射，室温要求25℃以上，空气相对湿度85%左右。茶坯堆高60～100厘米，上面加盖湿布等覆盖物，保温保湿。一般要求茶坯含水量在65%左右，渥堆的适宜堆温30～40℃，视堆温变化情况，适时进行1～2次翻堆。渥堆时间：春季16～24小时，夏秋季8～16小时；当茶堆表面出现水珠，叶色由暗绿转为黄褐，叶片对光时呈透明竹青色，带有酒糟气或刺鼻酸辣气味，手伸入茶堆感觉发热，茶团黏性变小、一打即散时，即为渥堆适度。

⑤复揉。渥堆适度的茶坯经解块后进行复揉，压力较初揉稍小，时间更短，要求达到条索基本卷紧成条，经复揉的茶叶细胞破损率应达到30%以上。

⑥干燥。自动烘干机分两次烘干，初烘温度130～140℃，复烘温度110～130℃，烘至茶梗易折断、手捏叶片可成粉末为适度。用细嫩鲜叶原料加工特级黑毛茶时，也有采用木炭火焙笼烘干的。

（2）**安化千两茶加工。**安化千两茶又称花卷茶，沿袭传统的手工操作，由 6 个熟练制茶师傅组成一个班组，相互协同完成踩制全程。具体程序是：以安化三级 7 等黑毛茶为原料，经筛分去杂，汽蒸软化后，随即装入垫有箬叶和棕片的特制长圆筒形花格篾篓，用棍、捶等加压工具，运用绞、压、踩、滚、捶等技术方法，边滚压边绞紧，直至形成高 155 厘米、直径 20 厘米左右，紧实呈树干状圆柱形茶体。成形的千两茶需要在特设的凉棚里竖立斜置，在自然条件下晾置干燥，经近 2 个月的"日晒夜露"缓慢干燥，方能达到出厂要求。

（3）**茯砖茶加工。**茯砖茶因其砖身内要通过特定环境控制和培养一种被称为"冠突散囊菌"的金色菌落，而具有特殊的保健功效和独特的品质特征。茯砖茶原料以黑毛茶四级为主，拼入部分三级，后再进行压制。压制工艺基本实现了联合自动化，主要流程分为汽蒸、渥堆、称茶、蒸茶、紧压、定形、验收包砖、发花干燥等。

①汽蒸。在蒸茶机里完成，蒸茶机有立式静态蒸茶桶和卧式螺旋推进动态蒸茶机两种。立式静态蒸茶桶是往蒸茶机中通入 98～102℃的蒸汽，茶坯实际受蒸时间约为 5 分钟；卧式螺旋推进动态蒸茶机蒸汽压力为 0.4～0.7 兆帕，蒸汽温度为 150～170℃，茶坯从进到出 8～10 秒即可蒸透。随后茶坯自动放出，下落到渥堆间进行渥堆。

②渥堆。渥堆时堆高一般为 2～3 米、叶温 75～88℃，堆积时间为 3～4 小时，不得少于 2 小时。渥堆适度的标志是：青气消除、色泽黄褐、滋味醇和、无粗涩味。

③称茶。按照公式计算每块砖的称茶重量。在称好的茶坯中加入适量的茶汁，茶汁是由茶梗、茶果壳熬煮的水，每块砖加茶汁的数量由"茶汁机"控制，以进烘前的湿砖含水量控制在 23%～26% 为标准，加茶汁时必须保证均匀喷洒，加入茶汁的同时应进行搅拌，搅拌时间控制在 10～12 秒，各工序的作业时间须与装匣紧压相协调配合。

④蒸茶。茶坯进入蒸茶机汽蒸，使茶坯受热变软且具有黏性。蒸茶时间一般为 5～6 秒。

⑤装匣紧压。打开蒸茶机使汽蒸后的茶坯落在输送带上打散并散热，再入木厈内装匣，要及时将茶耙匀，先扎紧四角，再将茶坯耙

平，保证中间低松、边角满紧，以使成品茶边角紧实，棱角分明。盖上衬板后推到摩擦式压力机下施压成砖。

⑥冷却定形和退砖。将施压后的匣输送到晾置架上冷却定形，历时 80 分钟左右使砖温由 80℃降到约 50℃，然后进入退砖机，将砖片从匣中退出。

⑦验收包砖。砖片退出后，应迅速准确地扒开退砖机下的砖片，取出衬板，并将砖片平直轻巧地放入输送带，经检验合格的砖片送包装车间，并用印有商标的包装纸逐片包封。包好的砖片堆码整齐，待送烘房发花干燥。

⑧发花干燥。"发花"是加工茯砖茶的一个特殊工艺。发花就是通过控制一定的温湿度条件，使砖体内形成冠突散囊菌优势菌的过程。整个发花干燥期需要 20 天左右，进烘的前 12 天为发花期，之后 5～7 天为干燥期。发花阶段的温度应保持在 28℃左右，相对湿度保持在 75%～85%。干燥时逐天提高烘温 2～3℃，最高温度为 45℃，直至达到出烘水分标准（14%）。

(4) 黑（花）砖茶加工。黑（花）砖茶采用黑毛茶压制而成。加工的主要工序包括原料筛分、整理和拼配、汽蒸压制、干燥包装等。付制的黑毛茶需经筛分、切茶、风选、拣剔、拼堆等程序，整饰外形、调整品质、去除泥沙杂质等。汽蒸压制工序包括称茶、汽蒸、压制、冷却、退砖、修砖、检验茶砖厚薄和重量等操作，压制方法与茯砖基本相同。但因黑（花）砖不需要发花，无"加茶汁"工序，黑（花）砖的干燥也在烘房中进行，初始温度 30℃，前 1～3 天每 8 小时加温 1℃，4～6 天每 8 小时加温 2℃，此后每 8 小时加温 3℃（又称"三八式"升温），最高温度不超过 65℃。在烘时间约 8 天，待特制黑（花）砖烘干至含水量 12%～13%时，出烘包装。

(5) 散尖茶（天尖、贡尖、生尖）加工。散尖茶（又称湘尖茶）是黑茶成品中的篓装黑茶类型。天尖、贡尖、生尖加工程序相近，只是所用原料有所区别。天尖以特级、一级黑毛茶为原料，贡尖以二级黑毛茶为原料，生尖以三级黑毛茶为原料。

传统散尖茶的加工工艺为：黑毛茶原料经过筛分整理后拼堆，高温汽蒸软化后，装篓适度压实定形，自然晾置干燥。为使茶坯迅速蒸

软，传统大篓散尖通常要分 4 次称投料、分次汽蒸（俗称"四吊、三压"），如天尖每吊称 12.5 千克，称好的茶坯置于高压蒸汽机上汽蒸 20～30 秒，即装入特制篓篓中，第一、二吊茶装好后，施压 1 次，第三、四吊茶每装一次，施压 1 次，共压 3 次。压好后捆紧篓条，并用"梅花针"在篓包上部的四角和中间部位打入 5 个深约 35 厘米的孔洞，俗称"梅花孔"，并在每个孔中插上多根丝茅草，以利水分导出发散。将篓篓茶包放至通风干燥处晾置，至水分≤14.0% 即可出厂。目前，安化黑茶加工企业多将传统的 40～50 千克大篓散尖包装改为 1～2 千克小篓散尖包装，因此，称茶和施压次数也相应减少至 1～2 次。

145. 四川黑茶有哪些品质特征？

四川黑茶分南路边茶和西路边茶两种。清代乾隆时期，规定雅安、天全、荥经等地所产边茶专销康藏，称"南路边茶"；灌县、崇庆、北川等地所产边茶专销川西北松潘、理县等地，称"西路边茶"。

（1）南路边茶。

①康砖。圆角长方体，长 160 毫米、宽 90 毫米、高 60 毫米，重量为 500 克。外形砖面平整紧实，洒面明显，色泽棕褐；内质香气纯正，汤色红褐尚明，滋味尚浓醇，叶底棕褐稍花。

②金尖。圆角长方体，长 220 毫米、宽 180 毫米、高 110 毫米，重量为 2 500 克。外形紧实无脱层，色泽棕褐，无青霉、黄霉；内质香气纯正，汤色黄红，滋味纯和，叶底暗褐粗老。

（2）西路边茶。

①茯砖。砖形完整，松紧适度，黄褐显金花；内质香气纯正，汤色红亮，滋味纯和，叶底棕褐。

②方包。篓包方正，四角紧实，色泽黄褐；老茶香气纯正，汤色红黄，滋味平和带粗，叶底黄褐多梗。

146. 四川黑茶加工的技术要点有哪些？

（1）南路边茶。茶区较多推广"做庄茶"，即杀青后经多次蒸揉和渥堆，然后干燥；简化的做庄茶新工艺流程为：蒸青→初揉→初干→复揉→渥堆→干燥。

①蒸青。将鲜叶装入蒸桶，放在沸水锅上蒸，待蒸汽从盖口冒出，叶质变软时即可，时间8～10分钟。如在锅炉蒸汽发生器上蒸，只要1～2分钟。

②揉捻。揉捻分两次进行。鲜叶杀青后，趁热初揉1～2分钟。揉捻后，茶坯含水量为65%～70%，及时进行初干，使含水量降到32%～37%，趁热进行第二次揉捻，时间5～6分钟，边揉边加轻压，以揉成条形而不破碎为度，复揉后及时渥堆。

③渥堆。渥堆方法有自然渥堆和加温保湿渥堆两种。自然渥堆是将揉捻叶趁热堆积，堆高1.5～2米，堆面用席密盖。经2～3天，茶堆面上有热气冒出，堆内温度上升到70℃左右时，应用木枝翻堆一次，将表层堆叶翻入堆心，重新整理成堆。翻堆后2～3天，堆面再出现水汽凝结的水珠，堆温升到60～65℃，叶色转变为黄褐色或棕褐色，即为渥堆适度，开堆拣去粗梗。加温保湿渥堆是在渥堆房中进行，室内温度保持在65～70℃，相对湿度90%～95%，空气流通，茶坯含水量为28%左右。在这种条件下，渥堆过程只需36～38小时。

④干燥。做庄茶干燥分两次进行，初干含水量达到32%～37%，第二次干燥含水量为12%～14%，一般采用烘干机干燥。

(2) 西路边茶。西路边茶原料比南路边茶更为粗老，以刈割一至二年生枝条为原料，一般在春茶采摘一次细茶之后，再刈割边茶。西路边茶初制工艺简单，将刈割的枝条杀青后直接干燥的"毛庄金玉茶"作为茯砖的原料，含梗量20%；将刈割的枝条直接晒干的，作为方包茶的配料，含梗量达60%左右。

147. 云南普洱茶有哪些品质特征？

普洱茶的成品茶分散茶与紧压茶两类。

(1) 普洱散茶。普洱散茶分特级、一级至十级，共11个级别，现将特级、一级茶的品质特征分述如下。

普洱茶特级：外形条索紧细显毫，匀整洁净，色泽褐润，内质香气陈香浓郁，汤色红艳，滋味浓醇，叶底红褐柔软。

普洱茶一级：外形条索紧结有毫，匀整洁净，色泽褐润，内质香气陈香显露，汤色红浓，滋味醇厚，叶底红褐较嫩。

（2）普洱紧压茶。普洱紧压茶形状多种，有碗臼形的普洱沱茶，有心形的紧茶（后改为长方砖形），还有饼形的七子饼茶及小茶果、小圆饼等，现将主要产品七子饼茶、普洱沱茶和普洱砖茶的品质特征介绍如下。

①七子饼茶。圆饼形，周长200毫米，中心厚度25毫米，边口厚度10毫米，重量357克。外形圆形端正匀称，松紧适度，色泽黑褐油润；内质陈香显露，汤色深红明亮，滋味醇厚滑润，叶底猪肝色，明亮质软。

②普洱沱茶。碗臼形，边口周长82毫米，厚度42毫米，重量100克。外形端正匀称显毫，松紧适度，色泽红褐油润；内质香气陈香纯润，汤色深红明亮，叶底猪肝色，明亮质软。

③普洱砖茶。长方形，长140毫米、宽90毫米、高30毫米，重量250克。外形砖面平整有毫，棱角分明，厚薄一致，松紧适度，色泽暗褐尚润；内质香气陈香纯润，汤色红浓，滋味醇厚，叶底猪肝色较亮。

148. 云南普洱茶加工的技术要点有哪些？

普洱茶分为普洱茶生茶和普洱茶熟茶两大类型。普洱茶生茶是以符合普洱茶产地环境条件下生长的云南大叶种茶树鲜叶为原料，经杀青、揉捻、日光干燥、蒸压成形等工艺制成的紧压茶，是以晒青毛茶为原料压制而成的。普洱茶熟茶是以符合普洱茶产地环境条件下生长的云南大叶种晒青茶为原料，采用特定工艺，经后发酵加工形成的散茶和紧压茶，普洱茶熟茶紧压茶是以普洱茶散茶为原料压制而成的。

（1）晒青毛茶。

①鲜叶采摘。特级以1芽1叶为主，1芽2叶占30%以下；一级以1芽2叶为主，同等嫩度对夹叶占30%以下；二级为1芽2叶、3叶占60%以上，同等嫩度对夹叶占40%以下；三级为1芽2叶、1芽3叶占50%以上，同等嫩度对夹叶占50%以下；四级为1芽

3叶、1芽4叶占70%以上，同等嫩度对夹叶占30%以下；五级为1芽3叶、1芽4叶占50%以上，同等嫩度对夹叶占50%以下。以收益最高为依据，一般采1芽2叶、1芽3叶和同等嫩度的对夹叶。

②工艺技术。鲜叶摊放→杀青→揉捻→干燥。晒青毛茶的鲜叶摊放、杀青、揉捻等工序与绿茶加工工序基本一致，但干燥主要采用日光晒干。揉捻好的茶坯需解块后再置于日光下晒干，其间还可再轻揉捻1次，以使茶条紧结。晒青毛茶的干茶含水量要低于10%。

（2）普洱茶散茶（熟茶）。

①毛茶精制拼配。按级归堆、付制，单级付制，多级收回。先分筛取料，剔除杂质，除去碎片末。

②渥堆发酵。包括潮水、砌堆、翻堆、起堆等步骤。

潮水：渥堆发酵前先对晒青毛茶进行人工喷水，以增加茶叶含水量。

砌堆：潮水后，即将茶叶堆成1～1.5米高的长方棱台形，每堆茶叶重量为5～20吨，最好不超过10吨。茶堆盖上湿润的粗白布等覆盖物，以保温保湿。

翻堆：开始渥堆发酵后第二天必须翻堆，之后每7天翻堆1次，完成发酵需翻堆5～7次。渥堆茶堆中的最佳温度为50～55℃。

起堆：当发酵到25～30天时，应取样审评，以确定是否可以起堆。当茶叶显现褐红色，白毫变金黄色，茶汤醇厚滑口、苦涩味降低、汤色红浓、具有陈香味时，即可起堆，进入干燥工序。

③干燥。普洱茶干燥宜采用室内发酵堆开沟进行通风干燥。当茶叶含水量低于12%，即可起堆进行分筛、分级、装袋入库储存。普洱茶的干燥切忌烘干、炒干和晒干。

④精制包装。发酵后的普洱散茶需进行筛分整形、割脚等处理，拣净茶果、茶梗和其他夹杂物，根据茶叶各花色等级的质量要求进行拼配，以求达到品质稳定。

（3）普洱紧压茶。生茶以晒青毛茶为原料压制而成，熟茶以普洱茶散茶为原料压制而成。各类普洱紧压茶基本工艺一致。加工流程包括毛茶拼配、筛分切细、半成品拼配、蒸茶压制、烘房干燥、检验包装等工序。

①毛茶拼配。毛茶进厂对照收购标准样复评验收，检测含水量后，按等级拼堆入仓。毛茶拼配应根据成品规格的要求，保证内质，上级、下级进行适当调剂搭配。

②筛分切细。紧压茶筛分较简单，但必须分出盖面（又称洒面茶）和底茶（又称里茶或包心茶），剔除杂物。切茶又称细碎，滇青毛茶中较粗老的 9 级、10 级、级外和台刈等茶，因叶片粗大，毛茶拼合后，需投入多刀切茶机，经平圆 4 孔分筛，筛面复切，筛底付制拣后做紧茶、饼茶、方茶的里茶。部分粗老叶经切碎后，还要渥堆。渥堆时在旱季每 100 千克茶洒水 20 千克，雨季则适当减少，经 5～7 天，叶片转为褐色，粗青气减退，散发老茶清香，即可开堆。

③半成品拼配。紧压茶压制，分为面茶和里茶。经筛切后的半成品筛号茶，分别根据各种蒸压茶加工标准样进行审评，确定各筛号茶拼入面茶及里茶的比例。随后各筛号茶经比例拼堆充分混合后，喷水进行软化蒸压。

④蒸茶压制。一般分为称茶、蒸茶、压模、脱模等工序。

称茶：经拼堆喷水的付制茶坯含水量一般在 15％以上，需计算确定称茶重量。

蒸茶：投入蒸茶机，时间只需 5 秒，蒸后水分增加 3％～4％。

压模：大多采用冲压装置，由冲头压盖加压，压力一般为 10 千克左右，一般每甑茶冲 3～5 次，使茶块厚薄均匀，松紧适度。

脱模：压过的茶块，在模内冷却定形后脱模。

⑤烘房干燥。烘房干燥，利用锅炉蒸汽余热，温度通常在 45～55℃，用时通常在 13～16 小时。待普洱茶生茶紧压茶含水量在 13％以下，熟茶紧压茶含水量在 12.5％以下，即可出烘。烘房干燥过程中需注意排湿。

⑥检验包装和贮存。经过干燥的成品茶，进行抽样，检验水分、单位重量、灰分、含梗量等，并对样品进行审评。合格产品及时包装，随后在环境清洁、干燥、无异味的专用仓库长期保存。

149. 湖北老青茶有哪些品质特征？

湖北老青茶，又称青砖茶。长方形，长 330 毫米、宽 150 毫米、高 40 毫米，重量为 2 千克。外形紧结平正，棱角整齐，砖面光滑，色泽青褐，压印纹理清晰；内质香气纯正，汤色橙红，滋味醇和，叶底暗褐粗老。

老青茶分为三级：一级茶（洒面茶）以白梗为主，稍带红梗，即嫩茎基部呈红色（俗称乌巅白梗红脚）；二级茶（二面茶）以红梗为主，顶部稍带白梗；三级茶（里茶）为当年生红梗，不带麻梗。

150. 湖北老青茶加工的技术要点有哪些？

老青茶面茶制造工艺较精细，而里茶制造工艺较粗放。面茶的制造工序依次为：杀青→初揉→初晒→复炒→复揉→渥堆→干燥；里茶的制造工序依次为：杀青→揉捻→渥堆→干燥。

(1) 杀青。一般使用锅式或滚筒式杀青机，锅温 300～380℃，当杀青叶的叶色变为暗绿，叶质变得柔软，发出香气时即可出茶。杀青时，应注意高温、短时，以闷炒为主，做到杀匀杀透，不生不焦，以便揉捻造形。

(2) 初揉。老青茶必须趁热揉捻，一般采用 40 型和 55 型机械揉捻，40 型揉捻机可揉杀青叶 7～8 千克，55 型揉捻机可揉 20～25 千克。揉捻开始时不宜重揉，加压时要由轻到重，逐步加压，揉捻时间 8～12 分钟。以茶汁揉出，叶片卷皱，初具条形为适度。

(3) 初晒。将初揉后的茶坯放在清洁卫生的水泥场上或晒垫上晾晒，过程中要注意经常翻动，晒至茶条略感刺手，松手有弹性，含水量 35%～40%，即可收拢成堆，使叶间水分重新分布均匀。

(4) 复炒。初晒后的茶坯要放入炒锅中复炒加热，仍在杀青机中进行，温度 160～180℃。采用加盖闷炒，1.5～2 分钟，待盖缝冒出水汽，手握复炒叶柔软，立即出锅，趁热复揉。

(5) 复揉。复揉在中、小型揉捻机中进行，目的是使茶条进一步卷紧，揉出茶汁，以利渥堆。复揉用时：小型揉捻机 2～3 分钟，中型揉捻机 4～5 分钟。采用由轻到重的加压方式，但以重压为主，以提高叶细胞破损程度，增加茶汤浓度。

(6) 渥堆。将复揉后的茶坯筑成长方形小堆，边缘部分要踩紧踩实，以便茶堆温度上升。一般渥堆两次，中间翻堆一次。经 3～5 天，

面茶堆温达到 50～55℃，堆顶布满红色水珠，叶色变为黄褐色；里茶堆温达到 60～65℃，堆顶布满猪肝色水珠，叶色变为猪肝色，茶梗变红，即为第一次渥堆适度。这时需要进行翻堆，重新筑堆。再经 3～4 天，待茶堆重新出现上述水珠和叶色，原有粗青气消失，含水量接近 20%，手握有刺手感，即为渥堆适度，应及时翻堆出晒。

（7）干燥。老青茶干燥，过去一般采用晒干法，但最好采用烘干机干燥，烘干至含水量 13% 左右即可。

151. 广西六堡茶有哪些品质特征？

六堡茶传统加工一般是篓装散茶，其品质特征是外形紧结重实、匀齐，黑褐油润；内质香气纯正或带有槟榔香味，汤色红浓，滋味醇厚，叶底红褐柔软。近年亦有各种砖形或圆饼六堡茶问市。

152. 广西六堡茶加工的技术要点有哪些？

六堡茶的采摘标准为 1 芽 2 叶、3 叶至 1 芽 4 叶、5 叶，制造工序为：杀青→揉捻→渥堆→复揉→干燥。

（1）杀青。160℃低温杀青，先闷炒，后抖炒，炒至叶质柔软，叶色变为暗绿色，略有黏性，发出清香为适度。

（2）揉捻。六堡茶的揉捻以整形为主、破损细胞组织为辅，破碎以 65% 左右为宜。嫩叶揉捻前须进行短时摊凉，粗老叶则须趁热揉捻，以利成条。揉捻采用"轻→重→轻"的原则，先揉 10 分钟左右，进行解块筛分，再上机复揉 10～15 分钟。一般一、二级茶约揉捻 40 分钟，三级以下茶揉捻 45～50 分钟。

（3）渥堆。揉捻叶经解块后，立即进行渥堆。一般堆高 33～50 厘米，堆温控制在 50℃左右，要翻堆 1～2 次，将边上茶坯翻入中心，使渥堆均匀。时间一般为 10～15 小时，待叶色变为深黄带褐色，茶坯出现黏汁，发出特有的醇香，即为渥堆适度。

（4）复揉。复揉前最好用 50～60℃的低温烘 7～10 分钟，使茶坯受热回软，以利成条。复揉要轻压轻揉，使条索达到细紧为止，时间 5～6 分钟。

（5）干燥。六堡茶的干燥是在七星灶上采用松柴明火烘焙。烘焙分毛火和足火两次进行，毛火焙帘烘温 80～90℃，摊叶厚度 3～4 厘米，每隔 5～6 分钟扒 1 次，使茶坯受热均匀，干燥一致，烘至六七成干时下焙。摊凉 20～30 分钟，再足火干燥。足火采用低温、厚堆、长烘，烘温 50～60℃，摊叶厚度 35～45 厘米，时间 2～3 小时，烘至含水量 10%以下即可。

（六）黄茶

153. 黄茶有哪些基本特征？

黄茶的典型工艺流程是鲜叶→杀青→闷黄→干燥，品质特征是黄汤黄叶，关键的工序主要是闷黄工艺。在闷黄过程中，将杀青叶趁热堆积，使在制品在湿热条件下发生热化学变化，最终使叶片均匀黄变。变化的本质是在高温、高含水量条件下，在制品的叶绿素降解，多酚类化合物进行非酶氧化，产生黄色物质，使产品干茶、茶汤和叶底表现出黄或黄褐色的色泽特征，以及甘醇的滋味品质。

154. 黄小茶（君山银针）加工的技术要点有哪些？

黄小茶的代表是君山银针，采摘标准要求是春茶的首轮嫩芽，芽头肥壮重实。制作工艺流程为：摊青→杀青→摊凉→初烘与摊凉→初包→复烘与摊凉→复包→干燥，历经 72 小时左右。

（1）摊青。 将采回的芽头薄摊于竹匾中，置于阴凉处摊放 4～6 小时，中途不翻动，待水分减少 5%左右即可杀青。

（2）杀青。 在倾斜角度为 20°的斜锅中杀青，锅径 60 厘米。锅温 120℃左右，每锅投叶量 0.5 千克左右，叶片下锅后用手轻快翻炒，切忌重力摩擦，以免芽头弯曲、脱毫、色泽深暗。经 4～5 分钟，锅温降至 80℃，炒至茶芽萎软、青气消失、减重 30%左右，即可出锅。

（3）摊凉。 杀青叶出锅后放在小竹匾中，轻轻簸扬数次，以散发热气、消除碎片，然后摊放 2～3 分钟即可。

（4）初烘与摊凉。 摊凉后的茶芽置于竹篾烘盘，放在焙灶上用炭火进行初烘。温度控制在 50～60℃。每隔 5～6 分钟翻动 1 次，历时约 25 分钟，烘至五六成干即可下烘，下烘后摊凉 2～3 分钟。

（5）初包。摊放后的茶坯，取 1.0～1.5 千克用双层牛皮纸包成一包，置于无异味的木制或铁制箱内，放置 40～48 小时，即初包闷黄，约 24 小时翻包 1 次。待芽色呈现橙黄为适度。初包时间与气温密切相关，当气温在 20℃左右，约需 40 小时；气温低，则应适当延长初包闷黄时间。

（6）复烘与摊凉。仍用竹篾烘盘，复烘时每竹盘摊叶量比初烘多 1 倍，温度掌握在 45℃左右，烘至七八成干，下烘，摊凉。

（7）复包。复包方法与初包相同，历时 24 小时左右。待茶芽色泽金黄均匀，香气浓郁即为适度。

（8）干燥。足火温度为 50～55℃，每烘盘约 0.5 千克，焙至足干，含水量不超过 5%。

155. 黄大茶（皖西黄大茶）加工的技术要点有哪些？

皖西黄大茶主产于霍山、六安、金寨、岳西等地，其中以霍山县产量最高、品质最佳。采摘标准为 1 芽 4 叶、5 叶，黄大茶加工工艺流程为：炒茶（杀青和揉捻）→初烘→堆积→烘焙（拉毛火和拉老火）。

（1）炒茶。由生锅、二青锅、熟锅三锅相连操作。采用普通饭锅，砌成三锅相连的炒茶灶，锅呈 25°～30°角倾斜。炒茶把用竹丝扎成，长 1 米左右，炒茶把前端直径约 10 厘米。当地茶农将炒茶方法概括为三句话："第一锅满锅旋，第二锅带把旋，第三锅钻把子。"

生锅起杀青作用，锅温 180～200℃，投叶量 0.25～0.50 千克。炒时两手持炒茶把与锅壁呈一定角度，在锅中旋转炒拌，叶片跟着旋转翻动，均匀受热失水。炒 3 分钟左右，待叶质柔软，即可扫入第二锅内。二青锅起着继续杀青和初步揉条的作用，锅温 160℃左右。炒茶用力应比生锅大，转圈也要大，以起到揉捻作用，使叶片顺着炒茶把转。而后再加上炒揉，用力逐渐加大，做紧条形。当叶片皱缩成条，茶汁附着叶面，有黏手感，即可扫入熟锅。熟锅起着进一步做细茶条的作用，锅温 130～150℃。此时叶片比较柔软，用炒茶把旋炒几下，叶片即被裹到竹丝把间，谓之"钻把子"，经旋转搓揉，有利于做条，稍加抖动，叶片则又散落到锅里。这样反复操作，把杀青失水和搓揉成条巧妙地结合起来。炒至条索紧细、发出茶香、达三四成干时出锅。

（2）初烘。用竹制烘笼烘焙，温度120℃左右，摊叶厚度2厘米，高温、勤翻、快烘。烘至七八成干，有刺手感、茶梗能折断，即为适度，下烘堆积。

（3）堆积。堆积是黄大茶黄变的主要过程。将初烘叶趁热装篓，稍加压紧，高约1米，置于高温干燥的烘房内。堆积时长与鲜叶老嫩、茶坯含水量有关，一般5～7天。待叶色变黄，香气透露，即为适度。

（4）烘焙。包括拉毛火和拉老火两个程序。拉毛火用竹制烘笼烘焙，烘顶温度120℃左右，摊叶厚度3厘米左右，翻烘要轻勤，茶坯烘至九成干，即可下烘。拉老火采用栎炭明火高温烘焙，温度130～150℃，每只烘篮投叶量约为12.5千克。烘时做到勤翻、匀翻、轻翻，时间40～60分钟，待烘到茶梗一折即断，梗心呈菊花状，口嚼酥脆，焦香显露，茶梗金黄，叶色黄褐起霜，即为适度。下烘后趁热踩篓包装。

六、茶树病虫害防治

（一）主要病害

156. 茶饼病的为害特征和防治措施是什么？

（1）为害特征（彩图 19）。茶饼病又称疱状叶枯病、叶肿病，是我国茶区的一种严重叶部病害。除为害茶树外，尚未发现为害其他植物。流行年份局部地区病梢率可达 40%～50%，严重时高达 90%，严重影响茶叶产量。

主要为害茶树幼嫩组织，从幼芽、嫩叶、嫩梢、叶柄、花蕾到幼果均受害，但以嫩叶嫩梢受害最重。被害嫩叶最初在叶面产生淡黄色或红棕色半透明小点，逐渐扩大并下陷成淡黄褐色或紫红色的圆形病斑，直径为 2.0～12.5 毫米，叶背病斑呈饼状突起，并生有灰白色粉状物，茶饼病由此得名。病斑最后变为黑褐色溃疡状。茶饼病叶部症状大多表现为正面平滑光亮、下陷，而背面隆起；偶尔也有在叶正面呈饼状突起的病斑，叶背面下陷。叶缘、叶脉感病后使叶片扭曲对折。后期病斑上白粉消失或者不明显，病斑逐渐干缩，呈褐色枯斑，但病斑边缘仍为灰白色环状，病叶逐渐凋萎以至脱落。嫩芽、叶柄、花蕾、嫩茎、幼果被害，病部一般表现为轻微肿胀，重的呈肿瘤状，有白色粉状物，后期病部逐渐变为暗褐色溃疡斑。嫩茎常呈鹅颈状弯曲肿大，受害部易折或者造成上部芽梢枯死。

（2）防治措施。

①加强苗木检查。在调运苗木时，应加强检查，禁止从病区调运带病苗木，发现病苗应立即处理，以防病菌传入新区。

②加强栽培管理。勤除杂草，砍伐遮阴树，清除茶园及周围野生灌木，使之通风透光；适当增施钾肥，以增强树势，减轻发病；分批多次采摘，尽量少留嫩叶在茶树上，以减少侵染机会；选择修剪时期，使复壮后抽伸出的新梢在病害流行期已达 1 个月以上叶龄，或使新梢抽生时，避过病害发生期。如海南省冬季修剪，宜在 12 月中下旬进行，20 天内完成，以使病害发生期无新梢存在，起到避病的作用。

③清除野生带病茶树。复垦荒芜茶园，清除越夏茶树上的病叶，以减少侵染来源。

④化学防治。选用 25％三唑酮（粉锈宁）可湿性粉剂 2 500～3 500 倍液（安全间隔期 7 天），70％甲基硫菌灵 1 000～1 500 倍液（安全间隔期 10 天），或 20％萎锈灵乳油 1 000 倍液（安全间隔期 10～14 天）防治。此外，也可喷洒 2％多抗霉素可湿性粉剂，或 0.6％～0.7％石灰半量式波尔多液、0.2％～0.5％硫酸铜等铜素杀菌剂，于春茶前以及每个茶季各喷药 1 次，进行预防。尤其对修剪及台刈后的茶树，更应注意喷药保护，以防止抽出的新梢遭受侵害。由于铜素杀菌剂在茶叶上铜残留量高，对茶叶品质影响大，不宜在采茶期使用，应在非采摘茶园中使用。

157. 茶炭疽病的为害特征和防治措施是什么？

（1）**为害特征**（彩图 20）。茶炭疽病是茶树常见的叶部病害。主要为害茶树已展开叶片，新梢上偶有发生。最初在叶尖或叶缘产生水渍状暗绿色病斑，迎着光看病斑呈半透明状，后水渍状病斑逐渐扩大，仅边缘半透明，且范围逐渐减少，直至消失。病斑沿着叶脉扩展成半圆形或不规则形，病斑颜色由开始的焦黄色变成黄褐色至红褐色，最后变为灰白色。病斑边缘有黄褐色隆起线，与叶片健康部分分界明显。成形的病斑常以叶脉为界，受主脉限制，病斑常表现为半叶病斑。发病后期病斑正面密生许多黑色细小突起的粒点，也就是病菌的子实体、分生孢子盘。病斑上无轮纹。病斑部分较薄而脆，容易破裂，病叶最终脱落。

（2）**防治措施。**

①加强肥培管理。加强茶园栽培管理，增施有机质肥和适量钾

肥，勿偏施氮肥；雨季抓好防涝排水工作；秋冬季进行清园，扫除并烧毁地面的枯枝落叶和杂草，减少越冬病源数量。

②台刈更新，更换品种。对连年严重发病的老茶园可在春茶后采取台刈更新的办法来防治。将台刈下来的枯枝和地面落叶清出茶园并烧毁。台刈后的茶园要施足基肥，这样可有效防治病害。病害严重、品种低劣的茶园，要更换抗病品种。

③化学防治。使用药剂防治要尽早，最好在夏、秋茶萌芽期或发生初期进行喷药。也可在病害发生期（6月上旬和9月）选喷75%百菌清可湿性粉剂1 000倍液（安全间隔期10天），或70%甲基硫菌灵可湿性粉剂1 000～1 500倍液（安全间隔期10天），或50%苯菌灵可湿性粉剂2 000～3 000倍液（安全间隔期7天）。后两种药剂兼具保护和治疗作用，在病菌已侵染叶片7～10天中，仍有治疗效应。在发病严重的地区，喷药后7～10天最好连续防治1次，全年喷药2～3次，可以控制病害发展。

158. 茶轮斑病的为害特征和防治措施是什么？

（1）**为害特征**（彩图21）。茶轮斑病是我国茶区常见的成叶、老叶病害，各大茶区都有分布。主要发生于当年生的成叶或老叶，也可为害嫩叶和新梢。病害常从叶尖或者叶缘开始，逐渐向其他部位扩展。发病初期病斑黄褐色，然后变为褐色，最后呈褐色、灰白色相间的半圆形、圆形或者不规则的病斑。病斑上常呈现有较明显的同心轮纹，边缘有一个褐色的晕圈，病健分界明显。病斑正面轮生或者散生许多黑色小点。如果发生在幼嫩芽叶上，自叶尖向叶缘逐渐变为褐色，病斑不规则，严重时芽叶呈枯焦状，上面散生许多扁平状黑色小点。新梢发病，常先在基部生暗褐色小斑，以后上下扩展，上生黑色小点。茎渐弯曲，病部以上茎叶呈红紫色，然后萎凋枯死。

（2）**防治措施。**

①选用抗病品种。

②加强茶园管理，防止捋采或者强采，减少伤口。咀嚼式口器害虫取食后造成的伤口也是病菌侵入的一个途径，因此害虫防治是预防

茶轮斑病的重要措施。在夏季高温干旱季节叶片出现日灼伤后，这种生长活力减弱的叶片组织在遇雨后往往是病原菌侵染的良好场所，应喷药保护。加强肥培管理、建立良好的排灌系统可使茶树生长健壮，从而增强抗病能力，减轻发病。

③化学防治。可选用50%苯菌灵可湿性粉剂1 000倍液（安全间隔期7天），或70%甲基硫菌灵可湿性粉剂1 000~1 500倍液（安全间隔期10天）等杀菌剂防治。可在春茶结束后和修剪后喷施杀菌剂。扦插苗圃在高温高湿季节应及早喷药防治，以防出现茎腐症状。

159. 茶白星病的为害特征和防治措施是什么？

（1）为害特征。 茶白星病又称白斑病，发生普遍，一般在高山茶园中发生较重。主要为害嫩叶、嫩芽、嫩茎及叶柄，以嫩叶为主。嫩叶染病初生针尖大小的褐色小点，后逐渐扩展成直径0.5~2.0毫米的圆形小斑，中间红褐色，边缘有暗褐色稍微突起的线纹，病健分界明显。成熟病斑中央呈灰白色，中间凹陷，边缘具暗褐色至紫褐色隆起线，其上散生黑色小点。病叶上病斑数达几十个至数百个，有的相互融合成不规则大斑，叶片变形或卷曲；叶脉染病，叶片扭曲或畸形。嫩茎和叶柄发病，初呈暗褐色，后变成灰白色，病部亦生黑色小粒点，病梢节间长度明显短缩，百芽重减少，对夹叶增多。严重发生时引起茶树嫩梢芽叶畸形，生长停滞。病情严重时蔓延至全梢，形成梢枯。

（2）防治措施。

①加强茶园肥培管理。增施磷钾肥，促进树势生长健壮。茶季分批及时合理采摘，可减少再侵染机会。

②化学防治。在春茶萌芽期（3月下旬至4月初），当嫩叶发病率达6%时，进行喷药防治。可选50%硫菌灵可湿性粉剂1 000倍液（安全间隔期7天），或75%百菌清可湿性粉剂800倍液（安全间隔期10~14天）防治。由于白星病的潜育期短，侵染次数多，因此，在发生严重的地区，受害茶树第一次喷药后，间隔7~10天需再喷1次，全年共喷2~3次，病情可得到控制。非采摘茶园还可用0.6%~0.7%石灰半量式波尔多液进行防控。

160. 茶煤病的为害特征和防治措施是什么?

(1) 为害特征 (彩图 22)。茶煤病俗称乌油，发病初始，叶片表面发生近圆形或不规则黑色烟煤状物，后渐扩大布满全叶，并由叶部蔓延至小枝及茎秆上，病株各部表面覆有一层烟煤状物，故名茶煤病。茶煤病的种类多，不同种类的病菌其霉层的颜色深浅、厚度及紧密度不同。病部手摸有黏质感，为刺吸式害虫分泌的蜜露。茶煤病的发生常与黑刺粉虱、介壳虫或蚜虫的严重发生密切相关。

(2) 防治措施。

①加强茶园害虫防治。控制粉虱、介壳虫和蚜虫的发生是预防茶煤病的根本措施。根据诱发煤病害虫的种类及其防治适期，及时合理进行化学防治，在茶季可选用辛硫磷、吡虫啉、喹硫磷、噻嗪酮等农药喷雾防治，在非采茶季可用石硫合剂喷雾封园防治。

②加强茶园管理。适当修剪，以利通风，增强树势，可减轻病虫害的发生。茶煤病发生严重的，应以重修剪为宜，剪下的病虫枝叶就地烧毁，剪后再用 77% 氢氧化铜粉剂 500 倍液防治。

③冬季清园。秋末冬初用石硫合剂封园是防治茶煤病最为有效的办法。

④化学防治。茶煤病发生初期可喷洒 0.6%～0.7% 石灰半量式波尔多液。秋冬或早春喷施 0.5 波美度石硫合剂，防治茶煤病的同时兼治介壳虫、粉虱。

161. 茶圆赤星病的为害特征和防治措施是什么?

(1) 为害特征。茶圆赤星病又称茶雀眼斑病，主要为害成叶和嫩叶，嫩梢、叶柄也能受害，老叶上也偶有发生。发病初期，叶面为褐色小点，以后逐渐扩大成圆形小病斑，直径为 0.8～3.5 毫米，中央凹陷，呈灰白色，边缘有暗褐色至紫褐色隆起线，病健交界明显。后期病斑中央散生黑色小点 (菌丝块)，潮湿时，其上有灰色霉层 (子实层)。1 片叶片上病斑数从几个到数十个，融合成不规则大斑。嫩叶感病后叶片生长受阻，常呈歪斜不正；成叶感病后，叶形不变。除叶片外，叶中脉、叶柄和嫩茎也均能受害。叶中脉发病会使叶片皱缩卷曲；叶柄受害，可以引起叶片脱落；嫩茎上的病斑常可扩展至茎的全部。

（2）防治措施。

①摘除病叶，集中烧毁，减少侵染来源，可减少发病。

②加强茶园管理，增施磷钾肥，合理采摘，促使树势健壮，以提高抗病力。冬管期间，合理对茶园进行修剪，增强通风透光条件，降低湿度，清除发病严重病株。追施肥料，使用科学的配方施肥，即配合施用氮、磷、钾肥和微量元素肥料，以及有机肥料，增强茶树对病害的抵抗能力，减轻发病。

③化学防治。早春及发病初期，选用70%甲基硫菌灵1 000倍液喷雾（安全间隔期10天）、50%多菌灵800倍液喷雾（安全间隔期10天），或50%硫悬浮剂1 000倍液（安全间隔期10天）喷雾；同时配合施用磷酸二氢钾微量元素肥料，有较好的防治效果。

162. 茶云纹叶枯病的为害特征和防治措施是什么？

（1）为害特征。 茶云纹叶枯病又称叶枯病，主要为害成叶和老叶，新梢、枝条和果实上也可发生。老叶和成叶上的病斑多发生在叶缘或叶尖，初为黄褐色水渍状，半圆形或不规则形，后变褐色，1周后病斑由中央向外渐变为灰白色，边缘黄绿色，形成深浅褐色、灰白色相间的不规则形病斑，并生有波状、云纹状轮纹，后期病斑上产生灰黑色扁平圆形小粒点，沿轮纹排列，这是病菌的子实体。成叶、老叶上的病斑很大，可扩展至叶片总面积的3/4，此时会出现大量的落叶。从症状出现至落叶历时25～50天。幼芽、嫩叶上的病斑为褐色，圆形，后期常相互愈合，并渐变为灰色，可使幼芽全部凋萎枯死。嫩枝发病后，出现灰色斑块，逐渐枯死，并向下发展到枝条。枝条上的病斑灰褐色，稍下陷，上生灰黑色扁圆形小粒点。果实上的病斑黄褐色，圆形，后变成灰色，上生灰黑色小粒点，有时病部开裂。

（2）防治措施。

①加强茶园管理。适当多施基肥和茶叶专用肥，注意氮、磷、钾肥的配合，促使茶树生长健壮；注意深耕培土，做好蓄水排水，不断促进根系生长，做好抗旱与防冻工作，减轻病害的发生；加强螨类和

其他病虫害防治，减少叶片伤口，也可减少发病。

②清洁茶园。由于树上和土表病叶是病害的主要侵染来源，因此，冬季或早春要清扫落叶并及时带出园外处理，也可结合茶园冬耕，将土表病叶深埋于土中，加速病叶腐烂，以消灭越冬病菌，减少侵染来源，对减轻全年发病有一定作用。

③化学防治。我国江南茶区在春茶结束后，当成叶发病率达10％～15％时，进行第一次喷药，以防止病害进一步发展；7—9月是发病感染期，根据气象资料，平均气温在 28℃左右，相对湿度80％以上，降水量在 40 毫米以上时，尤其是夏季久旱以后遇降水，应及时喷药防治。在发病严重的地区，喷药 7～10 天后，应再防治1 次，全年共喷药 3 次左右，即可控制病害的流行。防治的药剂可选用 75％百菌清可湿性粉剂 800～1 000 倍液（安全间隔期 10 天），50％苯菌灵可湿性粉剂 1 500 倍液（安全间隔期 7～10 天）；或 70％甲基硫菌灵可湿性粉剂 1 000～1 500 倍液（安全间隔期 10 天）。非采摘茶园可使用 0.7％石灰半量式波尔多液进行封园防治。

163. 茶芽枯病的为害特征和防治措施是什么?

（1）为害特征。茶芽枯病于 1976 年在我国浙江省被首次发现，主要为害嫩芽和嫩叶，尤以 1 芽 1 叶至 3 叶发生为多。成叶、老叶和枝条不发病。从春茶萌发起，幼芽、鳞片、鱼叶均可产生褐变，病芽萎缩，不能伸展，后期呈现黑褐色焦枯。嫩叶被侵染 2～3 天后，先在叶尖或叶缘产生黄褐色病斑，以后扩大成不规则形、无明显边缘的病斑，后期其上产生黑色细小粒点，是病菌的分生孢子器，叶片上以正面受害居多，感病叶片易破碎并扭曲。严重时整个嫩梢枯死。

（2）防治措施。

①加强茶园管理。深秋增施饼肥，早春施用催芽肥时，注意氮、磷、钾肥的配比，防止偏施氮肥，以提高茶树抗病力。早春修剪，去除越冬病芽叶，修剪下的枝条应立即带出茶园，烧毁或深埋，以减少越冬病源。春茶期早采、勤采茶叶。重病茶园，在冬前和初春新芽萌发前分别采摘 1 次病芽叶，可减少病菌侵染芽叶的机会，以减轻发病。

②化学防治。每年春茶萌芽前，采用随机抽样法，调查越冬的宿病芽基数，宿病芽率在5％以下，一般可以不进行药剂防治，宿病芽率在5％～10％时，需在感病品种茶园中进行挑治；宿病芽率在10％以上时，则要进行大面积防治。可选用50％硫菌灵可湿性粉剂800～1 000倍液（安全间隔期7～10天），70％甲基硫菌灵可湿性粉剂1 000～1 500倍液（安全间隔期10天）进行防治。一般在春茶萌芽期和发病初期各喷药1次，在病害发生严重的茶园，可在秋茶结束再喷药1次，全年喷药2～3次，以阻止病害的流行。

164. 茶苗根结线虫病的为害特征和防治措施是什么？

（1）**为害特征**。茶苗根结线虫病又称茶根瘤线虫病，一般发生在苗圃，主要为害一至二年生的实生苗。此病主要发生于根部，被害苗圃轻者缺株断行，重者成片枯死，有的虽经补播或数次重播，却仍难成活。三年生以上实生苗及扦插苗一般受害较轻，死苗现象少见。茶苗根系被根结线虫侵染后，根部颜色变深，其上形成许多大小不等的瘤状物，小的似油菜籽，大的如黄豆粒或更大，互相合并后可使成段根系肿胀畸形。根结初期表面光滑，色泽与健康表皮相似，但因易遭土中某些菌类（如镰刀菌等）的侵染而变褐腐朽。被害茶苗由于根系吸收功能受阻，叶色逐渐褪绿变黄或呈紫褐色，株形矮小僵老，在高温干旱季节，叶片自下而上脱落，形成秃株，最终枯死。此种症状，常被误认为是旱害、螨害或缺肥、缺素导致。

（2）**防治措施**。

①加强苗木检疫。加强在疫区调运苗木的检疫，严格选用无病苗木，发现病苗，马上处理或销毁。

②建立无病苗圃。坚持选择未感染地建立苗圃，以新垦土或水稻田为宜，避免在前作是线虫寄生的园地育苗，并清除苗圃杂草。加强早期的肥水管理，增施磷、钾肥，培育壮苗，提高植株抵抗力。

③土壤处理。种植茶苗前，在盛夏翻期深耕并暴晒土壤，把土中的线虫翻至土表进行暴晒，隔10天左右再翻耕1次，连续2～3次，必要时把地膜或塑料膜铺在地表，使土温升高，可杀灭部分线虫，降低虫口密度。

④化学防治。在 10 月线虫侵染期进行药剂防治，可选用茶籽饼 0.5 千克，研成粉末，加清水 10 千克配成茶枯水，浇灌茶园土壤，对茶苗根结线虫有较好防效。化学药剂防治每亩用 98％棉隆颗粒剂 2.5 千克，加细土 50～60 千克拌匀，茶苗行间开沟深约 20 厘米，撒施后覆土压实，效果较好。

165. 茶赤叶斑病的为害特征和防治措施是什么？

(1) 为害特征。茶赤叶斑病是茶树上一种较为常见的病害，主要发生在茶树成叶和老叶上，发病初期从叶缘或叶尖开始出现淡褐色不规则病斑，以后渐渐变成赤褐色，故名赤叶斑病。病斑颜色均匀一致。病斑边缘有深褐色隆起线，病健边界明显。后期病斑上有许多褐色稍突起的小粒点。病叶背面黄褐色，较叶正面色浅。

(2) 防治措施。

①遮阳抗旱。该病为高温型病害。易遭日灼的茶园，可种植遮阳树，减少阳光直射。有条件的可建立喷灌系统，保证茶树在干旱季节对水分的要求。

②改良土壤。生产茶园可进行铺草，增强土壤保水性。提倡施用酵素菌或 EM 活性生物有机肥，改良土壤理化性状和保水保肥是防治该病的根本措施。

③化学防治。夏季干旱到来之前喷洒 50％苯菌灵可湿性粉剂 1 000～1 500 倍液（安全间隔期 7～10 天），或 70％多菌灵可湿性粉剂 800～1 000 倍液（安全间隔期 7～10 天），36％甲基硫菌灵悬浮剂 600～800 倍液（安全间隔期 10 天）。

166. 茶苗白绢病的为害特征和防治措施是什么？

(1) 为害特征。茶苗白绢病又称菌核性根腐病、菌核性苗枯病，是茶苗上常见的一种病害，发生在茶苗近地面的茎基部，表面长有白色棉毛状的菌丝体，并能沿着茎秆向上部及土壤表面蔓延扩展，呈网状分布，形成一层白色绢丝状膜，以后在菌丝中形成白色小颗粒，菌核初为白色，后渐变为淡黄色至茶褐色。由于病部皮层腐烂，茶树水分和营养物质运输中断，致使茶叶枯萎脱落，最后整株死亡。在多雨季节，菌丝可从茎基部向上部枝叶蔓延，引起枝干及叶片变褐枯死。

（2）防治措施。

①建立无病苗圃。育苗地要选择土壤肥沃、土质疏松、排水良好的土地。前作发病重的苗圃应与禾本科作物轮作 4 年以上，才能重新育苗。

②加强苗木检疫。对引进茶苗进行检疫，选择无病苗木栽种。

③加强土壤管理。增施有机肥改良土壤，以提高茶树抗病力，减轻发病。

④化学防治。发现病株，立即拔除，并将周围土壤一起挖除，换以新土并施入杀菌剂，如 0.5％硫酸铜液，或 70％甲基硫菌灵可湿性粉剂 1 000 倍液，进行消毒后，再行补植茶苗。感病茶园喷施 70％甲基硫菌灵可湿性粉剂 1 000 倍液（安全间隔期 10 天），连喷 3 次，喷匀喷透，病株周围土壤都要喷到，发病严重病株可用 70％甲基硫菌灵可湿性粉剂 1 000 倍液对发病部位进行涂抹。

167. 茶紫纹羽病的为害特征和防治措施是什么？

（1）为害特征。茶紫纹羽病发生在茶树根部及近地面的茎干。细根最先发病，呈黑褐色腐烂，后渐蔓延至粗根。其上密布紫褐色的菌丝体，有时呈根状分布，后期病根表面产生半球形颗粒状菌核。菌丝体可蔓延至地面茎干，至茎基 20 厘米之高，常被紫红色的菌丝层所包围，其质地柔软，易于剥落，根部皮层被害腐烂，也易于剥离。茶树根部受害后，轻者地上部枝叶呈黄绿色，严重时整株枯死。

（2）防治措施。

①选地。选择无病地种植茶苗，有病地应先种植禾本科植物如玉米、小麦，经过 3～5 年再栽植茶树。

②选用无病苗木。注意剔除病苗，必要时苗木用 25％多菌灵可湿性粉剂 500 倍液浸根 30 分钟，再栽植。

③加强茶园管理。施用酵素菌沤制的堆肥或腐熟有机肥，改良土壤。雨后及时排水，防止湿气滞留或积水。

④药剂处理。对局部发病的茶园，挖除病株及根部残余物，并在其周围挖 40 厘米深沟，然后用 40％福尔马林 20～40 倍液浇灌土壤，

处理后覆土并用塑料布覆盖 24 小时，隔 10 天再浇灌 1 次；也可用 50％甲基硫菌灵可湿性粉剂 500 倍液灌根。

（二）主要虫害

168. 茶小绿叶蝉的为害特征和防治措施是什么?

（1）为害特征（彩图 23）。茶小绿叶蝉又名小贯小绿叶蝉、小绿叶蝉、小绿浮尘子、叶跳虫，俗称响虫，属半翅目叶蝉总科叶蝉科，是我国各茶区普遍发生的优势种。分布于江苏、浙江、安徽、福建、台湾、广东、海南、湖南、湖北、广西、云南、贵州等省份。一般以夏、秋茶受害较重。成虫、若虫均刺吸芽梢嫩叶，受害芽叶沿叶缘黄化，叶脉红暗，叶片卷曲，叶质粗老，叶尖叶缘红褐，进而焦枯，芽叶萎缩，生长停滞，严重影响茶叶产量和品质。

（2）防治措施。

①加强虫情测报。a. 利用成虫、若虫在早晨露水未干不甚活动的习性，从 4 月下旬开始，在茶园中每隔 5 天随机检查 100 张芽下 2、3 叶正反面的成虫、若虫数目，然后计算百叶虫口数，并根据防治指标及时用药，夏茶期间百叶虫口数有 5～9 头、秋茶期间百叶虫口数有 10～13 头时，应及时喷药。b. 查若虫孵化高峰期。在为害盛期，摘下当季的芽（1 芽 2 叶、3 叶）20 个，轻轻剥开嫩梢皮，查看卵粒，以卵粒基数作为依据。一般在成虫产卵高峰后的 7 天，即若虫孵化高峰期。

②农业防治。加强茶园管理，及时分批采茶。一是要适当嫩采，既有利于提高制茶质量，又有利于减少害虫数量；二是采尽秋梢，减少越冬虫害食料。每年秋茶停采后，进行茶园全面深翻，把清除出的杂草和有机肥混合埋入沟中，以作基肥。施用的有机肥须是经过沤泡的土杂肥、干鸡粪、厩肥等。有条件的茶园还实行梯面铺草或种植绿肥。在除草深翻和施基肥后，于 11 月下旬至 12 月上旬，全园进行一次修剪，把鸡爪枝、病虫枝等剪除干净，修剪下的枝叶埋入沟中或集中烧毁。清园后，对茶蓬喷洒茚虫威或虫螨腈 1～2 次，进行封园，可有效破坏茶小绿叶蝉等病虫害的越冬场所，降低病虫害越冬基数。

③物理防治。a. 利用黄板诱杀。根据茶小绿叶蝉的趋黄性，在茶园中悬挂诱虫黄板，当该虫跳跃撞击黄板时，黄板上的胶即将其粘住致死，从而达到诱杀目的，每亩茶园用黄板 30～40 张（20 厘米×30 厘米），就能较好地控制该虫的为害，黄板底部悬挂高度与茶树顶梢齐平为宜。b. 利用灯光诱杀。大面积、连片、持续使用窄波 LED 杀虫灯时效果最佳，窄波 LED 杀虫灯理论安装密度为每 20 亩 1 盏，但需根据实际地形、地貌设置密度。灯管在茶棚上方 40～60 厘米处。窄波 LED 杀虫灯开灯时间应在成虫高峰期，每天日落后工作 3 小时即可。

④生物防治。利用茶小绿叶蝉信息素进行引诱控制，该方法敏感性高、使用方便、不会伤害天敌。

⑤药剂防治。a. 植物源农药防治。使用绿色农药必须在害虫若虫低龄期适时施用，要体现早和快。生产上常用苦参碱，对害虫具触杀和胃毒作用，以 0.6% 苦参碱 1 000～1 500 倍液（合每亩 50～75 毫升，安全间隔期 7 天）防治茶小绿叶蝉。最好在阴天下午 4 时或傍晚喷药，24 小时内喷施 2 次防治效果最佳。苦参碱药效较缓慢，应提前 3～5 天施用。在低龄若虫盛期用药，可采用较低浓度，虫龄偏高时，应以高浓度为好，以增强防治效果。b. 化学农药防治。15% 茚虫威 2 500～3 000 倍液（安全间隔期 14 天）、10% 氯氰菊酯 6 000 倍液（安全间隔期 3 天）、2.5% 溴氰菊酯 6 000 倍液（安全间隔期 5 天）、5% 双丙环虫酯 1 800～2 000 倍液（安全间隔期 7 天）等，可任选一种在茶小绿叶蝉发生高峰期前、若虫数量占 80% 时使用，可达到较好效果。

169. 茶尺蠖的为害特征和防治措施是什么？

(1) 为害特征（彩图 24）。茶尺蠖属鳞翅目尺蠖蛾科。主要分布于浙江、安徽、江苏、福建、湖南、湖北等地。幼虫主要取食嫩叶和成叶，大发生时可将茶树老叶、新梢、嫩皮、幼果全部食光。幼虫孵化后爬至茶树顶部叶缘或叶面咬食表皮和叶肉，2 龄后咬食叶片呈 C 形缺口。由于此虫发生代数多，繁殖快，蔓延迅速，常暴发成灾。全年以 7—9 月夏秋茶期间为害最严重。

(2) 防治措施。茶尺蠖发生代数较多，发生不整齐，为害期又常

与茶叶采摘期相吻合，因此应采取综合防治措施。

①深耕灭蛹。结合秋冬季深耕施基肥，消灭茶尺蠖越冬蛹。深耕除能对虫蛹造成机械损伤外，还能将蛹深埋土中，使成虫不能羽化出土。同时，翻出土面的虫蛹易受冻而死或被天敌消灭。耕作深度需达15厘米以上，特别是要深翻茶丛树冠下的表土。

②人工捕捉。在发生严重的茶园于各代蛹期（尤其是越冬蛹）进行人工挖蛹；根据幼虫受惊后有吐丝下垂的习性，在幼虫期振动茶树，在茶树下方用土箕或塑料薄膜承接幼虫后集中消灭，或将鸡放养在茶园，让鸡啄食幼虫和蛹。

③生物防治。茶尺蠖核型多角体病毒（NPV）。在第一、第二代和第五代茶尺蠖常出现病毒病的流行。茶尺蠖的其他病原微生物包括圆孢虫疫霉、球孢白僵菌、细脚拟青霉、串珠镰孢、半裸镰孢等真菌病原微生物。在江苏、浙江、安徽茶区的秋季9月间，在阴雨高湿条件下，第五代的茶尺蠖圆孢虫疫霉会流行发病，死亡率高达90%以上。

④药剂防治。根据茶尺蠖第一、第二代发生较整齐以及1～2龄幼虫抗药性弱的特点做好调查和预测，尽量在第一、第二代1～2龄幼虫期时进行喷药防治，这是全年的防治关键。在达到防治标准需进行化学防治的茶园，采取挑治"发虫中心"，丛面喷射、低容量喷雾等方法，可以节约农药、用工，降低防治成本。在阴天晴天的早晚喷药可以提高防治效果。药剂可选用10%氯菊酯乳油（安全间隔期3天），2.5%溴氰菊酯乳油（安全间隔期5天），或2.5%三氟氯氰菊酯（功夫菊酯）乳油（安全间隔期5天）6 000～8 000倍液，2.5%联苯菊酯乳油（安全间隔期6天）3 000～6 000倍液，15%茚虫威乳油（安全间隔期14天）2 500～3 500倍液，80%敌敌畏乳剂（安全间隔期6天）、25%灭幼脲悬浮剂（安全间隔期5天）1 000倍液。在春秋季可喷洒茶尺蠖核型多角体病毒（安全间隔期3天）防治。

⑤灯光诱杀。在各代成虫发生期，每天夜晚点灯诱蛾，或每晚取1～2日龄未交尾的活雌蛾诱杀雄蛾。

170. 茶毛虫的为害特征和防治措施是什么？

（1）为害特征（彩图25）。茶毛虫属鳞翅目毒蛾科，又称茶黄毒蛾、油茶毒蛾。主要分布于陕西、江苏、安徽、浙江、福建、台湾、广东、广西、江西、湖北、湖南、四川和贵州等地。主要发生于山区茶园，近年逐渐有向山外丘陵茶区蔓延，甚至突发成灾的趋势。以幼虫咬食叶片为害，严重时可将叶片食光，影响茶叶产量、树势；幼虫体上毒毛触及人体皮肤会红肿痛痒，严重影响茶园管理。雌蛾产卵于老叶背面，幼虫孵化后群集在老叶背面咬食下表皮和叶肉，留上表皮呈黄绿色半透明薄膜状。3 龄起开始分群向上迁移，数十头至百余头整齐排列在叶片上，同时咬食叶片成缺口。

(2) 防治措施。

①人工捕杀。在 11 月至翌年 3 月人工摘除越冬卵块，生长季节于幼虫 1~3 龄期摘除有虫叶片；在茶毛虫盛蛹期进行中耕培土，在根际培土 6~7 厘米高，以阻止成虫羽化出土；成虫喜在下午 4 时前后羽化，此时多伏于茶丛或行间不活动，可人工踩杀。

②中耕灭蛹。茶毛虫幼虫多在茶树根际的落叶、杂草及土块缝隙中结茧化蛹。在化蛹盛末期中耕除草可伤、灭虫蛹，将枯枝落叶耙出烧毁，效果更好。

③诱杀成虫。茶毛虫成虫具有趋光性，可在各代成虫发生期，每晚 7—11 时用黑光灯或电灯诱杀成虫；也可在田间设置性诱捕器，用性信息素或未交尾的雌蛾诱杀雄蛾。

④生物防治。防治时期掌握在幼虫 3 龄前，建议在幼龄幼虫期使用每克含 100 亿活孢子的苏云金杆菌，也可使用每毫升含 100 亿茶毛虫核型多角体病毒（视频 5），选择无风的阴天或雨后初晴时进行喷雾防治。

⑤化学防治。在 3 龄幼虫前用 15%茚虫威乳油 2 500~3 500 倍液（安全间隔期 14 天），10%醚菊酯（多来宝）乳油 2 000 倍液（安全间隔期 10 天），10%氯氰菊酯乳油或 2.5%氯氟氰菊酯乳油、10%联苯菊酯乳油 3 000~5 000 倍液（安全间隔期 7 天）喷雾。

视频 5　茶毛虫核型多角体病毒使用技术

171. 茶黑毒蛾的为害特征和防治措施是什么？

(1) 为害特征。茶黑毒蛾又名茶茸毒蛾，鳞翅目毒蛾科。幼虫体

上毒毛触及人体皮肤会发生红肿痛痒，严重影响茶园管理。茶黑毒蛾分布于长江流域以南，北自湖北、安徽，南至广东、广西、海南，西自云贵，东至东部沿海。以幼虫咬食叶片为害，无趋嫩性，不分老嫩自下而上取食。为害严重时叶片无存，且剥食树皮。成虫趋光性强，卵产于茶丛基部老叶背面或附近杂草上，幼虫孵化后群集在茶丛中下部叶背，取食下表皮和叶肉，2龄后期分散到茶丛上部，咬食叶片成缺口。幼虫具有假死性，受惊后会蜷缩坠地，老熟后爬至茶丛根际枝丫间、落叶下或土隙间结茧化蛹。除茶树外还可为害油茶。

（2）防治措施。

①清园灭卵。秋冬季结合清园、施基肥，清除落叶、杂草，深埋消灭越冬卵。

②灯光诱蛾。成虫期用黑光灯诱杀。

③人工防治。卵期摘除有卵叶；利用初龄幼虫群集性、假死性，捕杀或震落消灭。

④生物防治。茶黑毒蛾的自然天敌很多，且有相当自然控制力，应注重保护利用。对每丛有效卵粒超过40粒的茶园，在卵孵盛末期至低龄幼虫盛发期，每亩用16 000国际单位/毫克苏云金杆菌可湿性粉剂70克防治。

⑤化学防治。根据防治指标，在幼虫3龄前施药，低容量侧位喷施，并注意叶背和地面喷施。防治指标一般是每亩3 000～4 500头，视每公顷产干茶量决定。用药种类同茶毛虫，建议使用机动喷雾机。此外，在1～2龄幼虫占70%～80%时，用毒沙法防治茶黑毒蛾简易有效：80%敌敌畏按每公顷2 250～3 000毫升拌细沙或细土300～450千克，装入塑料袋密封，带入茶园均匀撒施。结合振落，拍打茶蓬，对第三代茶黑毒蛾防效可达90%～95%。

172. 茶小卷叶蛾的为害特征和防治措施是什么？

（1）为害特征。茶小卷叶蛾又称棉褐带卷蛾，鳞翅目卷叶蛾科，分布于山东、浙江、江苏、安徽、江西、福建、广东、台湾、四川、湖南、湖北、河南、陕西等省份。幼虫将嫩叶和成叶卷成虫包，匿居其中取食为害。初孵幼虫趋嫩为害，爬至新梢顶端初展新叶正面的叶尖部，吐丝将两侧向内卷，匿居其中咀食上表皮和叶肉，或在新芽缝隙中取食。随虫龄增加，虫包也增大，成长后将邻近2叶乃至整个芽梢缀结成虫包，在包内取食，后期能转害老叶。幼虫受惊时即迅速退出虫包，吐丝下坠或弹跳逃脱。老熟后在包内化蛹。

（2）防治措施。

①人工捕捉。结合茶园栽培管理和采茶，随时摘除虫包，将卵块捏死。

②诱杀。在成虫羽化盛期，每天晚上点灯诱杀。也可将未交尾的雌蛾装入四面通风的小盒中，悬挂在水盆上方或粘胶式诱捕器上，诱杀雄蛾。性诱还可用合成的性引诱剂，装入橡胶管，悬挂在上述诱捕器上。此外，用红糖：黄酒：醋＝1：2：1的配比溶液，加入少量农药制成糖醋液，也可诱杀成虫。

③生物防治。在成虫产卵期释放赤眼蜂3次，每亩共放蜂8万头，每间隔5~10米挂（放）一卵卡。第一次在成虫羽化高峰期释放，以后每隔3~4天分别放一次蜂，3次放蜂量的比例为3：3：2。在幼虫孵化高峰期喷施每克含100亿活孢子的苏云金杆菌、白僵菌100~200倍液。也可将感染颗粒病毒的虫尸25头研碎，加水25升搅匀后喷雾，每亩喷液量75升。喷雾宜在成虫高峰期后4~5天进行。虫口数量少时可挑治发虫中心。

④药剂防治。重点应抓好第一代幼龄幼虫的防治。药剂可选用10％联苯菊酯乳油3 000~5 000倍液（安全间隔期7天），2.5％三氟氯氰菊酯（功夫）乳油（安全间隔期5天）、10％氯氰菊酯乳油（安全间隔期3天）、2.5％溴氰菊酯乳油（安全间隔期5天）、10％氯菊酯乳油（安全间隔期7天）6 000~8 000倍液，15％茚虫威乳油（安全间隔期14天）2 500~3 500倍液，0.6％苦参碱（安全间隔期7天）1 000~1 500倍液。喷药时应将虫包喷湿。

173. 茶卷叶蛾的为害特征和防治措施是什么？

（1）为害特征。茶卷叶蛾又名褐带长卷蛾、柑橘长卷蛾，鳞翅目卷叶蛾科。分布于云南、贵州、四川、江苏、浙江、安徽、江西、福建、台湾等省份。幼虫将嫩叶和成叶卷成虫包，匿居其中取食为害。

在局部茶区发生严重，影响茶叶产量。在长江下游每年发生 4 代，以幼虫在卷叶中越冬。每年 5、6 月多雨季节发生的第一、第二代种群较多。幼虫初期在茶树顶部嫩叶尖卷包为害，后期将邻近叶片缀结成较大虫包，匿居包内为害，老熟后在包内化蛹。

（2）防治措施。参照茶小卷叶蛾的防治技术。

174. 茶细蛾的为害特征和防治措施是什么？

（1）为害特征（彩图 26）。茶细蛾又名三角卷叶蛾，鳞翅目细蛾科。国内各产茶区均有分布。幼虫潜食嫩叶叶肉，或将嫩叶卷成虫包，匿居其中取食为害，是趋嫩性很强的食叶性害虫。而幼虫排出的粪粒聚积在虫包内，会污染茶叶。成虫产卵于叶片背面，幼虫孵化后即潜入叶内，在 1～2 龄期潜食叶肉，形成白色线状弯曲的潜痕；3 龄和 4 龄前期，将叶缘向叶背卷折，形成卷包，在包内咀食叶肉；4 龄后期和 5 龄期，将叶尖反卷成三角包，匿居三角包内取食，转移他叶时则另行卷包取食，一般 1 包内 1 头虫，偶尔 1 包内有 2～4 头幼虫。

（2）防治措施。

①农业防治。一是多次分批采茶：由于茶细蛾幼虫主要为害嫩叶，卵亦产在嫩叶上，故实行多次分批采茶既可采去大量有虫叶片，又可减少茶细蛾的产卵场所和食料，对其发生有一定的抑制作用。

二是适时修剪：大部分茶区在秋茶结束或翌年春茶前有轻修剪的习惯，结合防治茶细蛾，修剪时期掌握在越冬代幼虫化蛹前，这时茶细蛾大多在茶树蓬面上，防治效果较好。

三是人工摘除：茶细蛾幼虫多在茶树上部卷结嫩叶为害，虫包明显，发生严重的茶园可进行人工摘除。

②生物防治。保护天敌。茶细蛾绒茧蜂寄生率相当高，采下来的虫包自然放置一段时间，让寄生蜂羽化飞回茶园；也可人工饲养寄生蜂如茶细蛾锥腹姬小蜂等，在羽化产卵期释放。

③物理防治。利用成虫趋光性，可用黑光灯进行诱杀，从而有效降低成虫种群密度及后代发生数量。

④化学防治。药剂防治指标为百芽梢有虫 7 头。防治时期应掌握

在潜叶、卷边期。农药可选用 2.5％溴氰菊酯 5 000～6 000 倍液（安全间隔期 5 天），2.5％三氟氯氰菊酯 5 000～6 000 倍液（安全间隔期 5 天），15％茚虫威 2 500～3 500 倍液（安全间隔期 14 天），2.4％苦参碱＋0.8％氯氰菊酯合剂 1 000～1 500 倍液（安全间隔期 7 天）。喷药时应注意质量，务必使叶背全部喷湿。

175. 茶蓑蛾的为害特征和防治措施是什么？

（1）为害特征。茶蓑蛾又名小窠蓑蛾、茶窠蓑蛾、茶袋蛾、避债虫，鳞翅目蓑蛾科。分布于江苏、浙江、安徽、江西、福建、台湾、湖北、湖南、广东、广西、海南、四川、贵州等省份。幼虫咬食叶片为害，严重时芽梢、茎皮均可被食光。

（2）防治措施。

①人工捕捉。茶蓑蛾虫囊较大而集中，被害状明显，可在冬季或早春活动为害前人工摘除虫囊，以确保春茶不受损失，茶树生长季节，可结合其他田间管理随手摘除虫囊。

②生物防治。保护天敌。人工捕捉和修剪下的虫囊应置于寄生蜂保护器中，让寄生蜂羽化飞出再营寄生；在寄生蜂羽化盛期尽量不喷药。而利用苏云金杆菌等生物防治方法是防治这种害虫的一种有效措施。

③灯光诱蛾。根据雄成虫的趋光性，在雄成虫羽化期，每晚进行灯光诱杀。

④药剂防治。蓑蛾幼龄幼虫期点片发生，具有明显的发虫中心，且抗药性和耐饥力均弱，因此，药剂防治应抓紧在幼龄幼虫期进行。药剂可选用 10％二氯苯醚菊酯乳油、2.5％溴氰菊酯乳油 6 000～8 000 倍液（安全间隔期 7 天），2.5％联苯菊酯乳油 4 000～6 000 倍液（安全间隔期 5～7 天）。由于蓑蛾有护囊保护，药剂难以渗透，因此用药量可适当偏大，务必将叶背和虫囊充分喷湿。

176. 茶梢蛾的为害特征和防治措施是什么？

（1）为害特征。茶梢蛾又名茶尖蛾、茶梢蛀蛾，鳞翅目尖蛾科。在国内主要分布于江苏、安徽、浙江、福建、湖北、湖南、广东、广

西、陕西、贵州、云南、四川和江西等省份。幼虫爬至叶背处，选择位置，啃开叶表皮，潜入叶肉取食，形成大小不同的黄褐色虫斑。虫斑大部分靠近叶脉中部。12月大部分幼虫开始越冬。越冬幼虫于翌年3月春梢开始萌发时，从叶片转移蛀食嫩梢，1头虫可为害多个春梢。随着虫体增大，食量增加，幼虫大量啃食隧道周围木质部，仅留表皮，致使被害嫩梢大量失水而干枯死亡。

（2）防治措施。

①农业防治。苗木检疫，新区调运苗木时要加强检验，防止茶梢蛾传播蔓延。茶梢蛾幼虫在枝梢内越冬，在羽化前的冬春季节进行茶树修剪，修剪的深度以剪除幼虫（枝梢有虫道的部位）为度，剪下的茶梢叶片要集中茶园外处理，进行烧毁或深埋。

②生物防治。合理使用化学农药，尽可能少施化学农药，可以保护茶园中的茧蜂、小蜂、寄生蝇、蜘蛛、步甲类等自然天敌，抑制茶梢蛾的发生。每年3月中下旬越冬幼虫转蛀时，用每毫升含孢子2×10^{-8}个的白僵菌喷雾或喷粉防治，防治效果可达85%左右。

③物理防治。根据茶梢蛾成虫趋光性强的特性，羽化初期，利用频振式诱虫灯诱杀成虫。

④化学防治。幼虫潜叶盛期或蛀梢初期施药，前者侧重中、下部叶面，后者侧重蓬面喷雾。药剂可选用2.5%联苯菊酯乳油2 500倍液（安全间隔期7天），150克/升的茚虫威2 500～3 500倍液（安全间隔期14天），或25克/升的溴氰菊酯2 250～4 500倍液（安全间隔期5天）。喷药时务必将有虫斑的叶背喷湿。

177. 茶蚜的为害特征和防治措施是什么？

（1）为害特征（彩图27）。茶蚜，又名橘二叉蚜、橘声蚜、茶二叉蚜、可可蚜，俗称油虫、蜜虫、腻虫，半翅目蚜科。在国内主要分布在陕西、北京、河北、山东、安徽、江苏、浙江、福建、台湾、广东、广西、湖北、贵州、云南、四川等地。寄主范围比较广。以成蚜、若蚜在寄主植物嫩叶后面和嫩梢上刺吸为害，致使新梢发育不良，芽叶细弱、卷缩、严重时新梢不能抽出，并排泄"蜜露"诱致茶煤病发生，使叶、梢为黑灰色。蚜群随芽叶采制成干茶，汤色浑暗，略带腥味，影响茶叶产量和品质。春茶受害最重。

（2）防治措施。

①农业防治。冬季结合修剪，剪除有卵枝或被害枝，压低越冬虫口基数。由于茶蚜集中分布在1芽2叶、3叶上，及时分批采摘是防治此虫十分有效的农艺措施，采摘的同时又恶化了茶蚜的食料条件，有利于减轻茶蚜对茶叶的为害。如被害梢多，宜分开制茶，或弃之不留。

②生物防治。保护利用天敌。在气温高，天敌繁殖快、数量大的季节，应尽量不喷药或少喷，或喷用对天敌杀伤力小的选择性农药，以免杀灭天敌；或重点选喷蚜虫为害严重的树，保护天敌。在天敌数量少的树上，可人工引移、释放瓢虫、草蛉等天敌消灭蚜虫。

③化学防治。在茶园，茶蚜防治指标为有蚜梢率4％～5％，芽下两叶有蚜叶上平均虫口20头。在天敌不足以控制蚜虫为害的时候，应在春季及早喷药杀蚜，以免扩大蔓延，5—6月喷药保护新梢，8月喷药保护秋梢。防治蚜虫的药剂种类很多，有效或常用药剂有：10％联苯菊酯5 000倍液（安全间隔期7天），1.2％苦参素水剂（虫杀净）500～1 000倍液（安全间隔期5天），50％抗蚜威可湿性粉剂2 000～3 000倍液（安全间隔期7天）。

178. 茶丽纹象甲的为害特征和防治措施是什么？

（1）为害特征。茶丽纹象甲又称茶叶象甲、茶小绿象甲，鞘翅目象甲科。在全国均有分布，主要分布在江南茶区，以浙江、江苏、安徽、江西、福建、四川、湖南、湖北、广东、广西、云南等省份发生较严重。该虫主要以成虫为害绿茶区的夏茶，也为害乌龙茶区春茶，嚼食茶树叶片使嫩叶形成不规则弧形缺刻，严重时仅留主脉，为害损失程度中等的达20％左右，严重的达50％以上。

（2）防治措施。

①人工捕杀。在成虫盛发期利用成虫受惊后坠地假死习性，在茶树下用塑料薄膜或土箕承接，震落捕杀。但此法费时费力，不适合大面积推广。

②农业防治。茶丽纹象甲的卵期、幼虫期和蛹期均在土中，长达

300天，耕翻可以使土中幼虫、蛹受机械损伤、暴露于地面而受冻或被天敌捕食从而降低虫口基数。因此，在冬春季翻动茶丛下的表土，清除枯枝落叶，夏季茶园耕翻土壤，秋冬季或早春结合中耕施基肥，对土中象甲有明显的杀伤力。同时翻耕改变了生态环境，不利于象甲生存。

③化学防治。绿色食品茶园、低残留茶园，按每公顷虫量在150 000头以上，于成虫初盛期喷施2.5%联苯菊酯750～1 000倍液（安全间隔期7～10天）。一般茶园可喷施倍硫磷1 000倍液（安全间隔期10天）等。

视频6　白僵菌颗粒剂使用技术

④生物防治。白僵菌871菌株是茶丽纹象甲的致病性真菌，致病力极强，其发病与流行与环境的温、湿度密切相关，一般在较荫蔽的茶园或雨季使用效果较好（视频6）。

179. 茶芽粗腿象甲的为害特征和防治措施是什么？

（1）为害特征。茶芽粗腿象甲，又名四斑粗腿象甲、茶四斑小象甲，鞘翅目象甲科。分布于我国福建、浙江、湖南、贵州、江西等地。主要为害部位为茶芽下第一叶至第三叶。自叶尖、叶缘开始咬食下表皮及叶肉，残留上表皮，呈现多个半透明小圆斑；随取食孔增加，即连成不规则的黄褐色枯斑，叶片反卷，受害边缘呈焦状枯黄，且易掉落，叶上留有黑毛粪粒。往往从茶树下部开始咬食叶片形成许多小孔洞，待到茶蓬面出现为害症状时，已是虫害高峰期。

（2）防治措施。

①农业防治。在7—8月结合施基肥进行茶园耕锄、浅翻、深翻，可明显影响初孵幼虫的入土及此后幼虫的生存，防效可达50%。

②生物防治。茶芽粗腿象甲的天敌有蜘蛛、蚂蚁、步甲等，保护和利用这些天敌，发挥它们对该虫的自然控制效能，减轻为害。在阴天、雨后或早晚湿度大时选用白僵菌菌粉，每亩施用1～2千克拌细土撒施于土表，可防治幼虫或蛹。

③物理防治。利用成虫的假死性，在成虫发生高峰期在地面铺塑

料薄膜，用振荡法捕杀成虫。

④化学防治。绿色食品茶园、低残留茶园，于成虫初盛期喷施2.5％联苯菊酯乳油 750～1 000 倍液（安全间隔期 7 天）；一般茶园可喷施 50％倍硫磷乳油 1 000 倍液（安全间隔期 10 天）等。

180. 茶角胸叶甲的为害特征和防治措施是什么？

（1）为害特征。茶角胸叶甲又称黑足角胸叶甲，分布于我国闽北茶区。幼虫取食茶树根系；成虫咬食茶树嫩梢芽叶或成叶，形成不规则缺刻或孔洞，致叶片千疮百孔，破烂不堪；对夏茶产量、品质影响很大。

（2）防治措施。

①农业防治。冬季和初春结合施肥耕翻土壤，杀灭幼虫和蛹。

②化学防治。结合耕翻杀灭幼虫和蛹，可喷洒 2.5％溴氰菌酯乳油 3 000 倍液或 50％辛硫磷乳油 1 500 倍液。成虫开始出土后 10～15 天及时喷洒上述化学农药；或选用 5％天然除虫菊素乳油、0.5％藜芦碱粉剂等植物源农药 1 000 倍，注意要喷湿茶丛、地面落叶及周围杂草，隔 10 天再用 1 次。

③生物防治。结合耕翻用白僵菌、苏云金杆菌处理土壤。

181. 碧蛾蜡蝉的为害特征和防治措施是什么？

（1）为害特征。碧蛾蜡蝉别名青翅羽衣、橘白蜡虫、碧蜡蝉，分布于全国大部分省份。碧蛾蜡蝉以成虫和若虫刺吸嫩梢、取食叶片为害，使新梢生长迟缓，芽叶质量降低；雌虫产卵时刺伤嫩茎皮层，严重时使嫩梢枯死；若虫分泌蜡丝，严重时枝、茎、叶上布满白色蜡质絮状物，致使树势衰弱。此外，该虫排泄的"蜜露"还可诱发茶煤病。

（2）防治措施。

①清除越冬卵，减少发生害虫基数，宜在秋末、早春结合茶园修剪，剪除并清除越冬卵枝梢。

②农业防治。加强茶园管理。中耕除草，疏除徒长枝等，增强茶丛通风透光条件，降低遮阴度和湿度，恶化害虫栖息活动场所；茶季

应分批勤采，恶化害虫营养条件，抑制虫口发生。

③药剂防治。掌握若虫盛孵期、初龄若虫期及时施药。一般茶园通常可喷施2.5％溴氰菊酯乳油6 000～8 000倍液（安全间隔期5天），2.5％联苯菊酯乳油3 000～6 000倍液（安全间隔期6天），24％溴虫腈悬浮剂2 000～3 000倍液（安全间隔期7天）等。药液中混加浓度为0.3％～0.4％的柴油乳剂可显著提高防效。在喷药时，应注意喷药质量，务必使茶蓬内中下层叶背喷湿喷遍。如果虫口密度大，应在第一次喷药后7天左右再喷1次，以提高防治效果。

182. 茶黑刺粉虱的为害特征和防治措施是什么？

（1）为害特征。茶黑刺粉虱，主要分布于我国中部及南部，长江以南发生较多。若虫群集在寄主的叶片背面吸食汁液，叶片因营养不良而发黄、提早脱落。该虫的排泄物能诱发茶煤病，使枝、叶、果受到污染，导致枝枯叶落，严重影响茶叶产量和质量；其残留在叶背的蛹壳成为各种螨类的安全越冬场所。

（2）防治措施。

①农业防治。加强茶园管理。增施有机肥、配施磷钾肥，结合修剪、疏枝、中耕除草，改善茶园通风透光条件，增强树势，提高抗虫能力，抑制其发生为害。冬季修剪后可喷洒0.5波美度的石硫合剂封园。

②生物防治。保护利用天敌，例如捕食性天敌，如蜘蛛类、瓢虫类、草蛉类；寄生性天敌，如刺粉虱黑蜂、黑刺粉虱黄蚜小蜂、黄盾捕虱蚜小蜂、东方长棒小蜂等。据四川调查，刺粉虱黑蜂田间自然寄生率平均值为71.1％，对黑刺粉虱的发生具有十分重要的控制作用。在茶园中应加强保护利用，比如在各次修剪后，先把虫叶集中于寄生蜂保护袋中，待寄生蜂羽化后再处理。有条件的茶园可推广应用韦伯虫座孢菌进行防治。掌握在1～2龄若虫盛发期，在5月中旬阴雨连绵时期每亩喷施1亿孢子/毫升韦伯虫座孢菌菌粉0.5～10千克，或将被韦伯虫座孢菌寄生的茶树枝条分别挂放茶丛四周，每平方米放5～10枝。

③物理防治。成虫有较强的趋黄性，在成虫期可利用黄板诱集

法。黑刺粉虱成虫羽化之前，在发生黑刺粉虱的茶蓬上方 10 厘米左右处，每亩茶园悬挂黄绿色诱粘虫板 20～25 片（规格 25 厘米×40 厘米），可取得良好诱杀成虫的效果。

④化学防治。在茶园，黑刺粉虱防治指标为小叶茶树品种每片叶 2～3 头，大叶茶树品种每片叶 4～7 头；防治对象、时间和重点分别是其卵和 1 龄若虫盛发期，重点在第一、第四代，挑治二、三代。超过防治指标时，应考虑进行化学防治。主要药剂喷雾可选 15％溴虫腈 2 000～3 000 倍液（安全间隔期 10 天），10％联苯菊酯 5 000 倍液（安全间隔期 7 天），1.2％苦参碱水剂 500～1 000 倍液（安全间隔期 10 天）。

183. 茶橙瘿螨的为害特征和防治措施是什么？

（1）为害特征（彩图 28）。茶橙瘿螨，又称斯氏尖叶瘿螨、斯氏小叶瘿螨，茶刺叶瘿螨等，在国内分布广泛。主要以成螨、若螨吸食成叶及嫩叶汁液，被害叶片渐失光泽，叶色呈黄绿色或红铜色，叶正面主脉发红，叶背出现褐色锈斑，叶片向上卷曲，顶芽萎缩，严重影响茶叶产量和品质

（2）防治措施。

①农业防治。选用抗性品种，冬季或春前修剪，可压低螨口基数，有助于推迟或免除第一高峰的到来；及时分批勤采，恶化螨害食料，有利于控制螨口数量。如在杭州龙井茶区，茶园采摘早、采得勤，致使第一高峰不明显，甚至不出现。据研究资料，茶园中土壤施氮或喷施氮肥对茶橙瘿螨的繁殖力有强烈的抑制作用，从而减少茶园螨害。干旱时喷灌，利用喷灌水的冲力，可冲掉叶片上附着的 95.4％～99.4％茶橙瘿螨，提高防治效果。

②生物防治。保护利用自然天敌，特别是田间捕食瓢虫和捕食螨。此外，每亩人工释放 6.8 万头胡瓜钝绥螨防治茶橙瘿螨，持续 50 天，结果表明，防效可达 81.40％。

③化学防治。加强田间调查，掌握在害螨点片发生阶段或发生高峰出现前及时喷药防治。中小叶种茶树防治指标为：平均每叶螨口为 17～22 头，或叶面上螨口密度为每平方厘米 3～4 头，或螨情指数 6～8。在茶树生长季节，防治药剂可选用 99％矿物油（绿颖）100～

150倍液（安全间隔期7天）、20％复方浏阳霉素乳剂1 000倍液（安全间隔期7天）、20％四螨嗪1 000～1 500倍液（安全间隔期10天）、73％炔螨特1 500～2 000倍液（安全间隔期10天）、10％溴虫腈2 000～3 000倍液（安全间隔期7天），药液喷洒至茶蓬上部叶片背面，注意农药的轮用、混用。秋茶采摘后用45％石硫合剂晶体150～200倍液（采摘茶园不宜使用）喷雾清园，可压低越冬螨口基数，减少翌年螨害发生。

184. 茶跗线螨的为害特征和防治措施是什么？

（1）**为害特征。** 茶跗线螨，又名侧多食跗线螨、茶黄螨、茶黄蜘蛛，分布于长江流域以南。成螨和幼螨、若螨栖息于茶树嫩芽叶背面吸汁为害，受害叶背出现铁锈色，叶片硬化增厚，叶尖扭曲畸形，芽叶萎缩，严重影响茶叶产量和品质。

（2）**防治措施。**

①农业防治。选择抗性品种，加强茶园肥水管理，以增强树势提高抗逆性；在茶叶生产季节，及时采摘，恶化食源，压低螨口基数；对危害严重的茶园，采摘春茶后，在发生高峰前采取修剪或台刈措施，并清除枯枝落叶；台刈或幼龄茶园套种藿香蓟植物，改善茶园小气候，促进植绥螨种群增加，提高以螨治螨的生态控制效应。

②生物防治。茶跗线螨的天敌主要有盲走螨、具瘤神蕊螨、德氏钝绥螨、黄瓜钝绥螨、蜘蛛及蓟马等种类，多种天敌在自然状态下，构成茶跗线螨发生的重要制约因素。保护和利用田间捕食螨等自然天敌，提高对害螨种群发生的控制力。3—9月，人工释放德氏钝绥螨，每亩1.5万～2.0万头，可较好控制茶跗线螨的危害。

③药剂防治。始盛期前及时用药防治，是控制该螨危害的一项关键措施。加强测报、适时防治螨害中心的控制效果可达38％～43％。采摘茶园，春夏茶间隙期，即始盛期前选用9％矿物油（绿颖）100～150倍液（安全间隔期5天）、棉油皂50倍液（安全间隔期5天）、10％浏阳霉素1 000～1 500倍液（安全间隔期10天）、20％四螨嗪1 000～1 500倍液（安全间隔期10天）、73％炔螨特1 500～2 000倍液（安全间隔期10天）防治，印楝素对茶跗线螨也有较好防效。施

药方式以低容量侧位喷雾为佳，药液应主要喷在茶树中下部叶背。注意农药的轮用、混用。秋茶采摘后用45%石硫合剂晶体250～300倍液喷雾清园，压低越冬螨口基数。

185. 咖啡小爪螨的为害特征和防治措施是什么？

（1）**为害特征。**咖啡小爪螨又名茶红蜘蛛，国内已知分布于江西、福建、台湾、广东、广西、云南等省份。主要为害老叶、成叶，严重时也为害嫩叶，多在成叶叶面刺吸并结细网，受害叶呈现黄至红褐色斑，局部变红，叶片失去光泽，满布卵壳与蜕皮，如同白色尘埃，最后硬化、干枯、脱落。

（2）**防治措施。**

①农业防治。加强茶园管理，增施氮肥，及时采摘，增强树势，提高抗逆能力；合理搭配品种，改善茶园通透性，气候干旱时，有条件的茶园应及时灌溉，增大茶园湿度。加强植物检疫，严防将有螨苗木带出圃外。

②生物防治。天敌的主要种类有食螨瓢虫、小毛瓢虫、环艳瓢虫、罕兼食瓢虫和草蛉等，以上在田间对该螨种群有一定的抑制作用。人工释放捕食螨每亩5万～7万头，控制效果较好。

③化学防治。在害螨发生始期，抓住该螨的"发生中心"及时进行挑治或重点防治，可抑制大面积扩散。药剂可选用99%矿物油（绿颖）100～150倍液、20%复方浏阳霉素乳剂1 000倍液（安全间隔期5天）、20%四螨嗪1 000～1 500倍液（安全间隔期10天）、73%炔螨特1 500～2 000倍液、50%溴螨酯3 000倍液，注意农药的轮用、混用。秋茶采摘后用45%石硫合剂晶体250～300倍液喷雾清园，压低越冬螨口基数。

186. 茶黄蓟马的为害特征和防治措施是什么？

（1）**为害特征。**茶黄蓟马，又名茶黄硬蓟马、脊丝蓟马。主要分布在我国长江流域以南茶区，是我国南方茶区重要害虫之一。茶黄蓟马以1～2龄若虫和成虫锉吸为害茶树新梢嫩叶。在春夏季虫口不多时，叶片受害后，常在叶片主脉两侧能见到2条平行于主脉的红褐色

条状疤痕，叶片微卷；秋季虫口多时则整片褐变，叶背布满小褐点、芽叶变小，甚至枯焦、脱落，严重影响茶叶的产量和品质。

（2）防治措施。

①农业防治。选用抗性品种，增加茶园间作种类，均有利于控制虫害发生；茶园及时分批勤采、适时轻修剪控制虫口发生。特别是1~4轮芽，及时分批采摘灭虫，同时结合肥培，促进茶树生长，缩短采摘间隔期，抑制虫口发生。

②生物防治。保护利用自然天敌，特别是蜘蛛和捕食螨，提高茶园田间自然控制力，减少农药用量。

③物理防治。利用茶黄蓟马对黄或黄绿色有趋性，茶园中设置黄板（15~20）片/亩进行物理诱集粘杀。有喷灌设施的茶园，秋季可利用喷灌减轻茶黄蓟马的危害。

④化学防治。加强田间调查，在害虫点片发生阶段或发生高峰出现前结合叶蝉兼治，幼龄茶园5月以后、成龄茶园第五轮芽期须及时防治。药剂可选用2.5%联苯菊酯1 500~2 000倍液（安全间隔期7天）、2.5%三氟氯氰菊酯2 000~3 000倍液（安全间隔期6天）、10%溴虫腈1 500~2 000倍液（安全间隔期7天），施药时注意均匀喷洒至茶蓬上部叶片正、背面，发生严重时隔7~10天再喷药1次。注意农药使用后的安全间隔期。

187. 茶棍蓟马的为害特征和防治措施是什么？

（1）为害特征。茶棍蓟马，缨翅目蓟马总科蓟马科。分布于广东、广西、福建、海南、贵州、湖南等南方茶区。该虫以成虫、幼虫锉吸芽叶汁液为害，受害叶片背面出现纵向的红褐色条痕，条痕相应的叶片正面略凸起，失去光泽。受害严重时，叶背的条痕合并成片，叶质僵硬变脆，茶叶产量和品质下降。

（2）防治措施。

①农业防治。采用抗性品种，搞好肥培管理，清洁茶园。在生产茶园中，夏秋茶期间（6—10月），根据茶树生长情况，及时合理采摘1芽2叶及相同嫩度的对夹叶，控制该虫的食料，并采掉大部分若虫（60%~80%）和产卵叶片，能有效控制该虫的密度。

②物理防治。利用茶棍蓟马的趋色性，用色板诱集粘杀，黄色、蓝色、银色色板对该虫均有较好的吸引力。

③化学防治。采摘茶园以低容量蓬面扫喷为宜。药剂可选用15％茚虫威乳油2 500～3 500倍液和10％联苯菊酯5 000倍液。

188. 茶天牛的为害特征和防治措施是什么？

(1) 为害特征。茶天牛，又名楝树天牛、楝闪光天牛、蛀心虫、蛀根虫。在国内主要分布于江苏、安徽、浙江、江西、福建、湖南、广东、广西、台湾、贵州、云南等省份的主产茶区。幼虫蛀食主干和根部，致树势衰弱、上部叶片枯黄、芽细瘦稀少、枝干易折断，严重时整株枯死。

(2) 防治措施。

①农业防治。茶树根际处及时培土，严防根颈部外露和成虫产卵。秋冬季茶园每年进行一次中耕。

②物理防治。成虫羽化期间，捕捉成虫。成虫羽化盛期，在每天上午10时前和下午4时后，巡视茶树上部叶背，捕捉成虫。灯光诱杀天牛成虫。羽化初期，用频振式诱虫灯诱杀成虫。

③化学防治。幼虫危害期用脱脂棉蘸80％敌敌畏乳油100倍液，塞进虫孔毒杀幼虫。半乔木型茶树，在成虫初发期使用白涂剂（生石灰、硫黄、牛胶，加水成糊状），将距地面45厘米以内的树干涂白，防治茶天牛产卵。在成虫盛发期喷施25克/升溴氰菊酯2 250～4 500倍液喷液。

(三) 茶树主要害虫天敌

189. 茶园常见寄生蜂有哪些？

(1) 单白绵绒茧蜂。单白绵绒茧蜂是尺蠖类的寄生性天敌优势种，膜翅目茧蜂科，主要寄生于茶尺蠖、灰茶尺蠖、茶银尺蠖等多种尺蠖。分布全国各产茶区。

①形态特征。单白绵绒茧蜂成虫体长约2.5毫米，展翅约6毫米，全体黑色，腹部长度与宽度均小于胸部。翅2对，白色半透明。

前翅有1条回脉，有2个盘室；前缘脉黑褐色；翅痣近三角形，浅黑褐色。雌成虫腹末有一突出的产卵器；雄成虫略小，翅痣色浅。幼虫蛆状，末龄幼虫体长3～5毫米，前端细，向后渐膨大，乳白色，腹节两侧有肉瘤。茧长椭圆形，两端较圆，长径约3.6毫米，白色，丝质，致密，表面被有疏松较厚的絮状物，成虫羽化后茧的一端有一圆形盖状裂开。

②生活习性。单白绵绒茧蜂1年发生10多代，以茧（蛹）在茶树叶背越冬。成虫羽化后1天内即能交尾产卵，卵产于尺蠖幼虫体内，单寄生，每头幼虫上产1粒卵，平均每头雌虫能产卵12～13粒。蜂幼虫孵化后即在尺蠖幼虫体内取食、生长发育，被寄生的尺蠖幼虫后期腹部第三至六节膨大，行动迟钝。蜂幼虫老熟后，咬破尺蠖幼虫体壁、爬出体外，在虫尸旁结茧化蛹。

（2）蚜茧蜂。蚜茧蜂是蚜虫的寄生天敌，膜翅目蚜茧蜂科，主要寄生于茶蚜。蚜茧蜂在我国各茶区均有分布。

①形态特征。蚜茧蜂成虫体长1.4～2.4毫米，雌虫较雄虫略大。卵微小，柠檬形或椭圆形，乳白色，长0.08～0.10毫米，宽0.016～0.024毫米。幼虫蛆状，白色。蛹为离蛹，黄褐色或褐色。茧圆形，丝质，灰白色。

②生活习性。蚜茧蜂成蜂产卵于茶蚜体内，卵至蛹均在蚜虫体内度过。幼虫共4龄，在蚜虫体内取食体液，老熟后紧贴蚜虫体壁结一薄茧，化蛹于其中。被寄生的茶蚜，末期肿胀、僵化，灰白色至灰黑色。一般每年秋季发生较多。

（3）三棒缨小蜂。三棒缨小蜂主要寄生茶小绿叶蝉卵，膜翅目缨小蜂科三棒缨小蜂属，主要分布在我国福建、浙江等茶区。

①形态特征。三棒缨小蜂的卵为长椭圆形，由卵体，卵柄两部分组成，卵柄与卵体几乎等长。由于三棒缨小蜂的卵微小，历时很短，因而刚被寄生的叶蝉卵仍处于正常状态，很难从寄主卵壳外识别发育变化过程。三棒缨小蜂幼虫蛆状，淡黄白色，头部有一对黑褐色上颚，随着寄生蜂幼虫的发育，透过寄主卵壳可以见到三棒缨小蜂幼虫在寄主卵内蠕动并取食，幼虫老熟后停止蠕动和取食，即进入预蛹期。三棒缨小蜂化蛹后，立即显现头部和淡红褐色的复眼和单眼，随

着时间的推移，逐渐出现触角、前翅和足，雌虫腹部可见产卵管。

②生活习性。三棒缨小蜂成蜂羽化时，先用口器在寄主卵端咬一圆形羽化孔，然后用足将身体撑出寄主卵壳，成蜂羽化后即用前足梳理翅膀和触角，待翅膀完全展开后，即可飞翔。成蜂羽化时间大部分是上午 8 时前，8 时以后至夜间只有零星的成蜂羽化。三棒缨小蜂成蜂有向上和趋光习性，将成蜂装于指形管中，改变光源的方向，无论管底或管口对光，成蜂会朝光强的方向活动。成蜂活动与光照强度相关，当光照较强时，成蜂活动亦较活跃。在相同光照条件下，雄蜂的活动比雌蜂更为活跃。

190. 茶园害虫天敌瓢虫有哪些?

(1) 七星瓢虫。 七星瓢虫是一种常见的捕食性天敌，鞘翅目瓢虫科，主要捕食蚜虫。全国均有分布。

①形态特征。七星瓢虫成虫卵形，背面拱起，体长 7～8 毫米，宽 5～6 毫米。头黑色，密布微细刻点，复眼两侧各有 1 个乳黄色斑。前胸背板黑色，两前缘角各有 1 个四边形淡黄色斑，小盾片黑色，三角形。鞘翅橙黄色或橙红色，上有 7 个黑色斑纹，其中小盾片下的色斑被鞘缝分成两半。卵长椭圆形，黄色，成簇产于叶片上。幼虫体黑色，2 龄幼虫腹背第一节两侧各有 1 对橙黄色毛瘤；3 龄幼虫腹背第一、四节两侧都有 1 对橙黄毛瘤，但第四节两侧 2 个毛瘤不甚明显；4 龄幼虫腹背第一、四节各有 4 个明显的橙黄毛瘤。前胸背板两侧各有黄点 2 个，胸足 3 对。

②生活习性。七星瓢虫在四川 1 年发生 5 代。幼虫有 4 龄，1 龄幼虫每天捕食蚜虫约 10 头，2 龄约 37 头，3 龄约 60 头，4 龄约 120 头，成虫每天捕食蚜虫 130 多头。成虫和幼虫均有自相残杀习性。

(2) 异色瓢虫。 异色瓢虫是一种常见的捕食性天敌，鞘翅目瓢虫科，主要捕食蚜虫、介壳虫、蛾类的卵及低龄幼虫、叶甲幼虫等。全国均有分布。

①形态特征。异色瓢虫成虫体长 5.4～8.0 毫米、宽 3.8～5.2 毫米，呈半球形。体色变化大。有黑色型（黑底黄斑）和黄褐色型（黄褐底黑斑）2 种。鞘翅末端处有 1 条横脊线。黄褐色型的前胸背板有

M形黑纹或者有4个黑色斑纹。鞘翅从没有斑纹至最多有19个黑色斑纹。黑色型的前胸背板两侧有淡黄色大斑1个。黑色鞘翅上有黄褐色或大红色斑纹，从最少2个至最多数个斑纹。卵椭圆形，长约1.2毫米，黄色，接近孵化时颜色变深。卵块簇状排列，由数粒至数十粒卵组成。幼虫体长9～10毫米，黑褐色，中、后胸背面有叉状突起。老熟幼虫第一至五腹节侧面有橘红色毛瘤。第四、五腹节背面有1对乳黄色毛瘤。具胸足3对。蛹近卵形，背面拱起，红褐色，上有2列大小不一的椭圆形黑色斑块。

②生活习性。异色瓢虫在安徽1年发生3代，以成虫越冬。幼虫有3～4龄。老熟幼虫每天可捕食蚜虫70～80头，成虫每天可捕食蚜虫100多头。除蚜虫外，还捕食介壳虫、木虱等其他害虫，也会捕食食蚜蝇幼虫等。此外，它还能捕食其他瓢虫，食物不足时会自相残杀。

(3) 龟纹瓢虫。龟纹瓢虫又称日本龟纹瓢虫，鞘翅目瓢虫科，是一种常见的捕食性天敌，主要捕食茶蚜、茶橙瘿螨等害虫。分布在江苏、浙江、福建、江西、山东、湖北、湖南、广东、广西、四川、贵州、云南、陕西、台湾等省份。

①形态特征。龟纹瓢虫成虫椭圆形，背面拱起，长约4毫米，橙黄色，有黑斑。前胸背板中央有1个横黑方块。鞘翅的变化很大，有多种翅型。标准型鞘翅上的黑斑呈龟纹状；无纹型的鞘翅为纯橙色或纯黑色；橙色鞘翅上有2个黑斑、4个黑斑等。幼虫细长，长约5毫米，黑色，各节背面中部有乳黄色斑块，其中以中、后胸上的斑块大而明显，第一、四、七腹节上还有明显的乳黄色斑块或环纹。胸足3对。蛹卵形，背面拱起，淡红褐色；头端、两翅芽之间及中后部两腹节背侧面各有1对黑斑；背面翅芽边缘有1个八字形黑纹。

②生活习性。龟纹瓢虫1年发生3～4代，以成虫在植物裂缝、土隙间及根际越冬，翌年5月上中旬产卵于叶背，5月中下旬幼虫孵化，捕食茶蚜、粉虱、鳞翅目低龄幼虫和卵等。龟纹瓢虫耐高温、喜高湿，在高温季节，其他瓢虫数量骤降时，其仍保持数量优势。

191. 茶园常见蜘蛛有哪些?

(1) 草间钻头蛛。草间钻头蛛又称草间小黑蛛，蛛形目皿蛛科，是一种常见的捕食性天敌，在茶园主要捕食茶蚜、叶蝉、粉虱和茶尺蠖等。草间钻头蛛分布在江苏、浙江、安徽、福建、山东、湖北、湖南、广东、广西、海南、四川、贵州、云南等省份。

①形态特征。草间钻头蛛雌蛛体长 2.8～3.9 毫米，头胸部赤褐色，有光泽，颈沟、放射沟、中窝色泽较深。螯肢前、后齿堤均 5 齿，前齿堤的齿较大。胸板红褐色。步足黄褐色。腹部长卵圆形，灰褐色或紫褐色，密布细毛。腹部中央有 4 个红棕色凹斑，背中线两侧有时可见灰色斑纹。雄蛛体长 2.5～3.3 毫米，头胸部赤褐色，色较雌蛛深。螯肢基节外侧有颗粒状突起形成的摩擦脊，内侧中部有 1 个大齿，齿端有 1 个长毛，前齿堤 6 齿，后齿堤 4 齿。触肢膝节末端腹面有 1 个三角形突片。卵袋白色，椭圆形或圆形，直径 6～8 毫米。卵袋表层蛛丝较疏松，呈丝状覆盖物。卵袋内平均含卵 35.8 粒，卵粒圆球形，初为乳白色，近孵化时呈淡黄色或黄色。

②生活习性。草间钻头蛛结不规则的小网。1 年发生 6～7 代，以成蛛、幼蛛或卵在茶树根附近土块下、枯叶内等地方越冬。雌雄个体均有多次交配习性，开始产卵的雌蛛仍可再与雄蛛交配。雌蛛有护卵习性，在护卵期间仍可取食。茶园中 5—7 月数量最多。

(2) 迷宫漏斗蛛。迷宫漏斗蛛是茶园捕食性天敌，蛛形目漏斗蛛科，主要捕食茶尺蠖、茶小卷叶蛾等鳞翅目害虫的成虫，以及蜡蝉、叶蝉等害虫。主要分布在江苏、浙江、福建、湖北、湖南、广东、广西等省份。

①形态特征。迷宫漏斗蛛雌蛛体长 10～15 毫米。背甲浅褐色，有 2 条深褐色条斑纵贯前后，条斑前端狭窄，向后逐渐变宽。颈沟、放射沟及中窝的凹陷明显。前眼列平直，后眼列强前曲，8 眼中以前、中眼最大，前、后侧眼靠近。中眼域呈长方形。螯肢前、后齿堤各 3 齿。步足黄褐色，各节末端偏暗，有许多刺和毛。腹部为灰绿色至紫褐色，背面正中有 7～8 对八字形斑纹。腹部腹面和侧面有黄白色鳞斑。雄蛛体长 10～11 毫米，体色较雌蛛暗，黑褐色，步足较雌蛛长。腹部窄小，其宽度明显窄于头胸部。卵袋圆形，扁平状，卵袋表面有疏松蛛丝，黄白色，卵粒橘红色，每个卵袋内含卵 80 粒左右，最多可达 120 粒以上。

②生活习性。迷宫漏斗蛛结大型漏斗状网。低龄幼蛛结不规则平网，随着龄期的增加渐呈漏斗状。雌蛛咬食雄蛛现象较普遍，有时雄蛛亦咬食雌蛛。迷宫漏斗蛛1年发生1代，在茶园中5—6月盛发。

(3) 斜纹猫蛛。斜纹猫蛛是茶园捕食性天敌，蛛形目猫蛛科，食性广，可捕食茶尺蠖、卷叶蛾等鳞翅目害虫幼虫，也可捕食叶蝉、飞虱、蚊、蝇等。全国均有分布。

①形态特征。斜纹猫蛛雌蛛体长7～11毫米，黄绿色或黄褐色，体纺锤形。背甲长大于宽，头部隆起，前缘垂直。8眼排列呈六角形，前眼列后曲；眼式为2-2-2-2，以前、中眼为最小。眼域有白毛和数根黑色长毛，向前方伸出。背甲中央有2条纹，两侧缘有3对褐色斜纹。螯肢细长，基部外侧缘的侧结节明显，前齿堤2齿，后齿堤1齿。触肢黄褐色，多黑刺，末端具爪。步足各腿节腹面有清晰黑纹1条，胫节基部内、外两侧各有1个黑斑。各腿、膝、胫、后跗节上均有黑色长刺，跗节末端有3爪。腹部长椭圆形，末端尖细。心脏斑菱形，外侧有黄色、白色条纹，后部中央有纵斑，两侧有4对黄色、白色斜形斑纹，腹部中央有宽的黑褐色纵斑，两侧各有1个灰白色条斑。雄蛛体长6.3～9.0毫米，体形同雌蛛，腹部较窄。触肢胫节突有2个大齿，外侧突长且大，侧面有几条横行的隆起；内侧突顶端有1个向内弯曲的大齿突。卵袋白色，扁圆开较大，卵粒圆形，黄白色，每个卵袋含卵60～70粒。

②生活习性。斜纹猫蛛1年发生1代。成蛛、若蛛都不结网，善于在树干、枝叶和杂草中跳跃游猎捕食各类害虫。冬季耐饥饿和抗低温能力较强，当气温上升至9～12℃时可外出活动、取食，雌蛛可1次交配，多次产卵，有护卵行为。

(四) 生物防治等技术措施

192. 茶园常用生物农药有哪些？

(1) 植物源农药。又称植物性农药，指利用植物资源开发的农药。包括从植物中提取的活性成分、植物本身和按活性结构合成的化合物及衍生物。类别有植物毒素、植物内源激素、植物源昆虫激素、拒食剂、引诱剂、驱避剂、绝育剂、增效剂、植物防卫素、异株克生物质等。茶园常用植物源农药有：苦参碱、藜芦碱、印楝素、除虫菊素等。

（2）微生物源农药。 主要是以活的细菌、真菌、病毒等开发的农药。茶园常用微生物源农药有：苏云金杆菌、白僵菌、绿僵菌、短稳杆菌、茶尺蠖核型多角体病毒、茶毛虫核型多角体病毒等。

（3）天敌生物农药。 主要为自然界本身存在，同时对病虫害有防治效果的人工繁殖动物。茶园应用的主要有瓢虫类（小黑瓢虫、异色瓢虫等），捕食螨（胡瓜钝绥螨），蜘蛛类和寄生蜂（赤眼蜂）等。

193. 茶园禁用化学农药有哪些？

农业农村部农药管理司于 2019 年 11 月 29 日发布的《禁限用药名录》中，茶园禁用农药有以下 62 种：六六六、滴滴涕、毒杀芬、二溴氯丙烷、杀虫脒、二溴乙烷、除草醚、艾氏剂、狄氏剂、汞制剂、砷类、铅类、敌枯双、氟乙酰胺、甘氟、毒鼠强、氟乙酸钠、毒鼠硅、甲胺磷、甲基对硫磷、对硫磷、久效磷、磷胺、苯线磷、地虫硫磷、甲基硫环磷、磷化钙、磷化镁、磷化锌、硫线磷、蝇毒磷、治螟磷、特丁硫磷、氯磺隆、胺苯磺隆、甲磺隆、福美肿、福美甲肿、三氯杀螨醇、林丹、硫丹、溴甲烷、氟虫胺、沙扑磷、百草枯、2，4-滴丁酯、甲拌磷、甲基异柳磷、克百威、水胺硫磷、氧乐果、灭多威、涕灭威、灭线磷、内吸磷、硫环磷、氯唑磷、乙酰甲胺磷、丁硫克百威、乐果、氰戊菊酯、氟虫氰。

194. 茶园怎样科学施药？

坚持"预防为主、综合防治"的方针，在农业防治的基础上，化学防治与生物防治相结合，协调应用。

（1）合理选择农药。 选择对茶叶和天敌安全，无不良影响、成本低的高效、低毒、低残药品品种，掌握药品特点和防治对象，做到有针对性。严禁使用茶园禁限用农药。

（2）合理选择用药期。 这是合理用药的关键。如防治黑刺粉虱，必须在幼虫孵化期用药；保护天敌，应避免在寄生性天敌的羽化期用药；为避免残毒，应严格遵守用药安全间隔。

（3）**采用适当的浓度、用药量和用药次数。**使用最低有效浓度、用药量和最少的有效次数，才能符合经济、安全、有效的要求，才能省药、省工、省成本，减少残毒，有利保护天敌。切忌随意加大药剂浓度和用量，切忌盲目施药。

（4）**采用适当的施药方法。**可根据农药剂型和茶园实际情况选择适当的施药方法。

（5）**适当混合和轮用农药。**该方法可以防止病原菌和昆虫产生耐药性，同时起到防治和提高效率的作用，减少用药次数。轮用农药应具有不同的毒理机制，不产生互动耐药性。此外，还应保证所用农药混合后不产生不良的化学反应和物理变化，对作物不产生药害。对于新型农药品种，应在推广前进行区域试验。

195. 茶树害虫绿色防控措施有哪些？

绿色防控就是以促进农业安全生产、减少化学农药使用量为目标，采取化学生态防治、农业防治、生物防治、物理防治、科学用药等环境友好型措施来控制有害生物的行为。

（1）**物理防治。**物理防治技术是针对昆虫对特定光波、灯光和颜色的趋性原理而设计的，利用诱虫灯和色板来诱杀害虫（视频7）。目前，在茶园中应用的色板种类有黄红双色粘板（诱杀茶园小绿叶蝉和各种蓟马）、蓝色粘板（诱杀各种蓟马）、绿色粘板（诱杀叶蝉）。

（2）**化学生态防治。**

①化学信息素是生物体之间发挥化学通讯作用的化合物的总称。简而言之，信息素防治技术就是通过人工合成挥发性物质，用于诱杀、趋避或干扰害虫行为和交配，从而达到防控目的。如茶尺蠖、灰茶尺蠖、茶毛虫、茶细蛾、茶黑毒蛾、斜纹夜蛾、茶蚕等茶树害虫的性信息素已在生产上推广应用。

视频7　杀虫灯和色板的使用技术

②植物挥发物引诱剂。植物在不同的状态下会释放出不同的挥发性成分，向其他生物发出不同的交流信号。茶树被病虫为害则会释放挥发性组分，向外界发出"求助"信号。如根据茶树挥发物醇类、醛

类化合物，添加醋、黄酒和糖配制成一种便宜的引诱剂，装在盆中放入茶园，对茶天牛有很好的引诱效果。

（3）生物防治。

①天敌昆虫的利用。天敌昆虫包括寄生性天敌和捕食性天敌两大类。寄生性天敌可将卵产在害虫的卵、幼虫、蛹或成虫体内导致害虫死亡，如各种寄生蜂和寄生蝇；捕食性天敌通过捕食消灭害虫，如各种瓢虫。保护茶园中的自然天敌，引进并投放天敌可达到防治目的。

②生物农药的利用。生物农药是指利用生物活体（真菌、细菌、病毒）或其代谢产物杀灭有害生物的制剂。

（4）农业防治。农业防治是以改善茶园的生态环境为基础，以农业措施为主导，以生物和生态理论为重点的生态控制的方法。该方法通过提高自然控制能力，让有害生物和天敌在数量上达到相对平衡状态。农业防治将逐渐发展成为茶园有害生物防控的重要措施。

七、茶叶标准化概述

196. 什么是茶叶标准化？

标准化是指在既定范围内获得最佳秩序，促进共同利益，对现实问题或潜在问题确立共同使用和重复使用的条款，以及编制、发布和应用文件的活动。如标准的起草、发布和实施就是标准化活动。

标准是指通过标准化活动，按照规定的程序经协商一致制定，为各种活动或其结果提供规则、指南或特性，供共同使用和重复使用的文件。

茶叶标准化是指国家、行业、地区和企业为规范茶叶生产、加工和贸易活动，对茶叶质量形成过程和质量评判的有关技术问题提出要求，形成可共同和重复使用的规则，并予发布和实施的各项活动。通过制定和实施标准，把茶叶的产前、产中、产后的全过程纳入标准生产和标准管理的轨道，能切实地提高茶叶质量，最大限度地保障人体的健康和安全，同时能够更好地应对国际竞争和贸易技术壁垒，保护与改善茶叶产地环境。茶叶标准化是茶叶产业化和市场化健康发展的保证。

197. 茶叶标准化有什么作用？

（1）**茶叶标准化是应对国际竞争和贸易技术壁垒的需要。**茶叶作为我国传统的出口商品，在国内和国际市场中，面临着国外茶叶的激烈竞争以及出口贸易技术壁垒的检验。我国茶叶只有实施标准化生产，全面提升规格和质量，尤其是安全卫生质量，才能在竞争中取得有利地位，打破国际贸易技术壁垒的封锁；才能有效地保护国内市场和广大茶农的利益。

（2）**茶叶标准化是加工企业应对茶叶质量安全市场准入制度的必然选择**。国家市场监督管理总局已正式启动对茶叶实施质量安全市场准入制度。市场准入制度对茶叶加工企业的生产环境、加工技术规程、质量检验和包装标识等提出了新的要求。加工企业必须通过审查并取得茶叶安全生产许可证才能从事茶叶加工，产品必须通过检验合格方可上市交易。茶叶加工企业只有严格按照茶叶标准进行生产和管理，确保茶叶质量，才能符合茶叶质量安全市场准入制度的要求。

（3）**茶叶标准化是保护与改善茶叶产地环境的需要**。现代茶叶生产的首要条件是产地环境必须达到"无公害"以上的质量要求，一旦产地受到污染或茶园土壤丧失生产能力，就失去了茶叶生产的基本条件。虽然我国茶叶产地大部分位于自然生态环境较好的山区和丘陵地区，受污染相对较轻，但一方面由于茶树病虫害防治中的不规范用药，农药污染威胁着茶园环境，另一方面由于茶园开垦和茶树栽培方式不合理、管理不当及偏施化肥等原因，造成茶园土壤酸化、水土流失和土壤肥力下降。实施茶叶标准化，通过规范农药、化肥等农资投入品的使用，特别是高残剧毒农药的禁用，能有效地减少茶叶产地环境污染，保证茶叶卫生质量；通过科学规划和管理，能有效地控制茶园土壤酸化和水土流失，提高土壤生产能力。

（4）**茶叶标准化是茶叶产业化和市场化健康发展的保证**。茶叶标准化要求茶叶生产规模化和产品流通规范化。茶叶标准化有利于将千家万户的茶农组织起来，形成以龙头企业或茶业协会为主的茶叶产业化组织，进行规模化经营和规范化管理，有利于先进科技成果的转化和推广，有利于茶叶产业链之间的衔接与协作。同时，有利于茶叶质量标准之间的对接，从而促进茶叶贸易自由化和市场化进程。

198. 我国茶叶标准化是如何发展与演变的？

我国现行的茶叶标准是从新中国成立后开始逐步建立和完善的，最初以实物样为基准，按茶叶初制、精制的不同加工工艺和内销、外销及边销等不同销售市场分为毛茶标准样、加工标准样和贸易标准样三类。20 世纪 80 年代起，国家、有关部门和地方逐步发布、实施了

各类茶叶的标准。1981 年对外贸易部行业标准《茶叶品质规格》（WMB 48—1981）发布实施；1988 年 GB/T 9833 紧压茶系列标准，1992 年 GB/T 13738 第二套红碎茶、第四套红碎茶等产品标准陆续发布实施。2008 年 3 月 22 日全国茶叶标准化技术委员会（SAC/TC339，National Technical Committee 339 on Tea of Standardization of Administration of China，简称"全国茶标委"）正式成立，进一步建立和完善茶叶标准体系，促进茶叶的生产、贸易、质量检验和技术进步，更好地推动和完善茶叶标准化工作。经过各部门 30 余年的标准化工作，初步建立了我国的茶叶标准体系。

199. 茶叶标准是如何分类的？

茶叶标准按照制定标准的主体可划分为：国家标准、行业标准、团体标准、地方标准和企业标准。

(1) 国家标准。我国发布的现行有效茶叶国家标准 100 余项，覆盖产品标准、方法标准、工艺标准、通用标准、卫生标准等，初步构建了我国茶叶国家标准体系，全方位服务我国茶产业高质高效发展。

(2) 行业标准。现行有效涉茶行业标准 200 多项，行业领域涉及农业（NY）、供销合作（GH）、轻工（QB）、出入境检验检疫（SN）、机械（JB）、国内贸易（SB）等。

(3) 团体标准。团体标准具有"快、新、活、高"的特点，技术层面能有效快速满足市场需要和创新需求，我国茶叶团体标准建设起步于 2017 年，发展迅猛。"十三五"期间发布了各类团体标准 385 项。

(4) 地方标准和企业标准。地方政府日益加强对地方标准的制（修）订工作，茶叶地方标准数量日益增多，覆盖全产业链各领域，标准的科学性和可操作性越来越强。地方标准的制定，重点突出茶叶产品和加工工艺的区域特色和差异化发展，以提高区域公用品牌的核心竞争力。

"一流企业制标准"，规模企业、龙头企业日益重视标准化工作，规模龙头企业不仅积极完善企业自身的标准体系，个别企业也积极参与"标准领跑者"项目。茶叶企业标准化体系的完善，一方面能提高企业产品品质和质量稳定性，提升企业品牌的市场竞争力；另一方面也能在一定程度上对区域公用品牌产品的整体质量和市场竞争力的提升作出企业贡献。

200. 茶叶常用标准（国家标准和行业标准）有哪些?*

（1）茶通用标准

①基础标准。

GB/T 38208—2019 农产品基本信息描述 茶叶

GB 11767—2003 茶树种苗

GB/T 26911—2011 植物新品种特异性、一致性、稳定性测试指南 山茶属

NY/T 2422—2013 植物新品种特异性、一致性和稳定性测试指南 茶树

GB/T 18797—2012 茶叶感官审评室基本条件

GB/T 14487—2017 茶叶感官审评术语

GB/T 18795—2012 茶叶标准样品制备技术条件

GB/T 30766—2014 茶叶分类

GB/T 40633—2021 茶叶加工术语

GB/T 31748—2015 茶鲜叶处理要求

GB/T 32744—2016 茶叶加工良好规范

GB/Z 26576—2011 茶叶生产技术规范

GB/T 33915—2017 农产品追溯要求 茶叶

NY/T 1763—2009 农产品质量安全追溯操作规程 茶叶

GB/T 20014.12—2013 良好农业规范 第 12 部分：茶叶控制点与符合性规范

GB/Z 21722—2008 出口茶叶质量安全控制规范

GB/Z 35045—2018 茶产业项目运营管理规范

GB/T 38126—2019 电子商务交易产品信息描述 茶叶

NY/T 2031—2011 农作物优异种质资源评价规范 茶树

NY/T 3928—2021　农作物品种试验规范　茶树

NY/T 853—2014　茶叶产地环境技术条件

NY/T 5018—2015　茶叶生产技术规程

NY/T 2102—2011　茶叶抽样技术规范

NY/T 5337—2006　无公害食品　茶叶生产管理规范

NY/T 2798.6—2015 无公害农产品　生产质量安全控制技术规范　第 6 部分：茶叶

NY/T 288—2018　绿色食品　茶叶

NY 5196—2002　有机茶

NY 5199—2002　有机茶产地环境条件

NY/T 5197—2002　有机茶生产技术规程

NY/T 3934—2021　生态茶园建设指南

NY/T 4253—2022　茶园全程机械化生产技术规范

②安全标准。

GB 31608—2023　食品安全国家标准　茶叶

GB 2762—2022　食品安全国家标准　食品中污染物限量（含第 1 号修改单）

GB 2763—2021　食品安全国家标准　食品中农药最大残留限量

③方法标准。

GB/T 23776—2018　茶叶感官审评方法

GB/T 35825—2018　茶叶化学分类方法

GB/T 5009.57—2003　茶叶卫生标准的分析方法

GB/T 8302—2013　茶　取样

GB/T 8303—2013　茶　磨碎试样的制备及其干物质含量测定

GB 5009.3—2016　食品安全国家标准　食品中水分的测定

GB 5009.4—2016　食品安全国家标准　食品中灰分的测定

GB/T 8305—2013　茶　水浸出物测定

GB/T 8311—2013　茶　粉末和碎茶含量测定

GB/T 8314—2013　茶　游离氨基酸总量的测定

GB/T 23193—2017　茶叶中茶氨酸的测定　高效液相色谱法

GB/T 8313—2018　茶叶中茶多酚和儿茶素类含量的检测方法

GB/T 8312—2013 茶 咖啡碱测定

GB/T 8310—2013 茶 粗纤维测定

GB/T 8309—2013 茶 水溶性灰分碱度测定

GB/T 30483—2013 茶叶中茶黄素的测定 高效液相色谱法

NY/T 3675—2020 红茶中茶红素和茶褐素含量的测定 分光光度法

NY/T 3631—2020 茶叶中可可碱和茶碱含量的测定 高效液相色谱法

GB/T 30376—2013 茶叶中铁、锰、铜、锌、钙、镁、钾、钠、磷、硫的测定 电感耦合等离子体原子发射光谱法

NY/T 1960—2010 茶叶中磁性金属物的测定

GB 23200.26—2016 食品安全国家标准 茶叶中9种有机杂环类农药残留量的检测方法

GB 23200.13—2016 食品安全国家标准 茶叶中448种农药及相关化学品残留量的测定 液相色谱-质谱法

GB 23200.108—2018 食品安全国家标准 植物源性食品中草铵膦残留量的测定 液相色谱-质谱联用法

GB 23200.112—2018 食品安全国家标准 植物源性食品中9种氨基甲酸酯类及其代谢物残留量的测定 液相色谱-柱后衍生法

GB 23200.113—2018 食品安全国家标准 植物源性食品中208种农药及其代谢物残留量的测定 气相色谱-质谱联用法

GB 23200.116—2019 食品安全国家标准 植物源性食品中90种有机磷类农药及其代谢物残留量的测定 气相色谱法

GB 23200.121—2021 食品安全国家标准 植物源性食品中331种农药及其代谢物残留量的测定 液相色谱-质谱联用法

GB/T 23204—2008 茶叶中519种农药及相关化学品残留量的测定 气相色谱-质谱法

GB/T 23376—2009 茶叶中农药多残留测定 气相色谱/质谱法

GB/T 23750—2009 植物性产品中草甘膦残留量的测定 气相色谱-质谱联用法

GB/T 23379—2009 水果、蔬菜及茶叶中吡虫啉残留的测定

高效液相色谱法

GB/T 5009.176—2003　茶叶、水果、食用植物油中三氯杀螨醇残留量的测定

GB/T 18625—2002　茶中有机磷及氨基甲酸酯农药残留量的简易检验方法　酶抑制法

④包装储运标准。

GB/T 30375—2013　茶叶贮存

GB/T 191—2008　包装储运图示标志

GB 7718—2011　食品安全国家标准　预包装食品标签通则

GB 23350—2021　限制商品过度包装要求　食品和化妆品（含1号修改单）

（2）茶类标准

①绿茶类标准。

GB/T 14456.1—2017　绿茶　第1部分：基本要求

GB/T 14456.2—2018　绿茶　第2部分：大叶种绿茶

GB/T 14456.3—2016　绿茶　第3部分：中小叶种绿茶

GB/T 14456.4—2016　绿茶　第4部分：珠茶

GB/T 14456.5—2016　绿茶　第5部分：眉茶

GB/T 14456.6—2016　绿茶　第6部分：蒸青茶

GB/T 32742—2016　眉茶生产加工技术规范

GB/T 19691—2008　地理标志产品　狗牯脑茶

GB/T 21003—2007　地理标志产品　庐山云雾茶

GB/T 18957—2008　地理标志产品　洞庭（山）碧螺春茶

GB/T 18650—2008　地理标志产品　龙井茶

GB/T 19460—2008　地理标志产品　黄山毛峰茶

GB/T 20354—2006　地理标志产品　安吉白茶

GB/T 22737—2008　地理标志产品　信阳毛尖茶

GB/T 20605—2006　地理标志产品　雨花茶

GB/T 20360—2006　地理标志产品　乌牛早茶

GB/T 19698—2008　地理标志产品　太平猴魁茶

GB/T 18665—2008　地理标志产品　蒙山茶

GB/T 26530—2011　地理标志产品　崂山绿茶

②红茶类标准。

GB/T 13738.1—2017　红茶　第1部分：红碎茶

GB/T 13738.2—2017　红茶　第2部分：工夫红茶

GB/T 13738.3—2012　红茶　第3部分：小种红茶

GB/T 24710—2009　地理标志产品　坦洋工夫

GB/T 35810—2018　红茶加工技术规范

NY/T 780—2004　红茶

③乌龙茶类标准。

GB/T 30357.1—2013　乌龙茶　第1部分：基本要求

GB/T 30357.2—2013　乌龙茶　第2部分：铁观音

GB/T 30357.3—2015　乌龙茶　第3部分：黄金桂

GB/T 30357.4—2015　乌龙茶　第4部分：水仙

GB/T 30357.5—2015　乌龙茶　第5部分：肉桂

GB/T 30357.6—2017　乌龙茶　第6部分：单丛

GB/T 30357.7—2017　乌龙茶　第7部分：佛手

GB/T 30357.9—2020　乌龙茶　第9部分：白芽奇兰

GB/T 39563—2020　台式乌龙茶

GB/T 35863—2018　乌龙茶加工技术规范

GB/T 39562—2020　台式乌龙茶加工技术规范

GB/T 18745—2006　地理标志产品　武夷岩茶

GB/T 19598—2006　地理标志产品　安溪铁观音

GB/T 21824—2008　地理标志产品　永春佛手

④黑茶类标准。

GB/T 32719.1—2016　黑茶　第1部分：基本要求

GB/T 32719.2—2016　黑茶　第2部分：花卷茶

GB/T 32719.3—2016　黑茶　第3部分：湘尖茶

GB/T 32719.4—2016　黑茶　第4部分：六堡茶

GB/T 32719.5—2018　黑茶　第5部分：茯茶

GB/T 22111—2008　地理标志产品　普洱茶

⑤黄茶类标准。

GB/T 21726—2018　黄茶

GB/T 39592—2020　黄茶加工技术规程

⑥白茶类标准。

GB/T 22291—2017　白茶

GB/T 22109—2008　地理标志产品　政和白茶

GB/T 32743—2016　白茶加工技术规范

GB/T 31751—2015　紧压白茶

（3）再加工茶类标准

①花茶类标准。

GB/T 22292—2017　茉莉花茶

GB/T 34779—2017　茉莉花茶加工技术规范

②压制茶类标准。

GB/T 9833.1—2013　紧压茶　第1部分：花砖茶

GB/T 9833.2—2013　紧压茶　第2部分：黑砖茶

GB/T 9833.3—2013　紧压茶　第3部分：茯砖茶

GB/T 9833.4—2013　紧压茶　第4部分：康砖茶

GB/T 9833.5—2013　紧压茶　第5部分：沱茶

GB/T 9833.6—2013　紧压茶　第6部分：紧茶

GB/T 9833.7—2013　紧压茶　第7部分：金尖茶

GB/T 9833.8—2013　紧压茶　第8部分：米砖茶

GB/T 9833.9—2013　紧压茶　第9部分：青砖茶

GB 19965—2005　砖茶含氟量

GB/T 21728—2008　砖茶含氟量的检测方法

GB/T 24614—2009　紧压茶原料要求

GB/T 24615—2009　紧压茶生产加工技术规范

GB/T 30378—2013　紧压茶企业良好规范

GB/T 30377—2013　紧压茶茶树种植良好规范

③茶制品类标准。

GB/T 18526.1—2001　速溶茶辐照杀菌工艺

GB/T 18798.1—2017　固态速溶茶　第1部分：取样

GB/T 18798.2—2018　固态速溶茶　第2部分：总灰分测定

GB/T 18798.4—2013　固态速溶茶　第 4 部分：规格

GB/T 18798.5—2013　固态速溶茶　第 5 部分：自由流动和紧密堆积密度的测定

GB/T 21727—2008　固态速溶茶　儿茶素类含量的检测方法

GB/T 21733—2008　茶饮料

NY/T 1713—2018　绿色食品　茶饮料

GB/T 31740.1—2015　茶制品　第 1 部分：固态速溶茶

GB/T 31740.2—2015　茶制品　第 2 部分：茶多酚

GB/T 31740.3—2015　茶制品　第 3 部分：茶黄素

④袋泡茶类标准。

GB/T 24690—2018　袋泡茶

⑤茶粉类标准。

GB/T 34778—2017　抹茶

参 考 文 献

江昌俊，2021. 茶树育种学 ［M］. 3 版 . 北京：中国农业出版社 .

林慧峰，王丽滨，沈萍萍，2014. 传统浓香型铁观音加工工艺 ［J］. 中国茶叶，36（10）：24 - 25.

刘素惠，2021. 漳平水仙茶饼采制技术及品质特征 ［J］. 中国茶叶，43（7）：56 - 60.

全国农业技术推广服务中心，2022. 茶叶绿色高质高效生产技术模式 ［M］. 北京：中国农业科学技术出版社 .

唐美君，肖强，2018. 茶树病虫害及天敌图谱 ［M］. 北京：中国农业出版社 .

童启庆，2000. 茶树栽培学 ［M］. 3 版 . 北京：中国农业出版社 .

夏涛，2016. 制茶学 ［M］. 3 版 . 北京：中国农业出版社 .

徐奕鼎，2005. 我国茶叶标准化现状与发展对策 ［J］. 茶业通报，27（3）：104 - 106.

姚信恩，2005. 无公害茶树栽培技术 ［M］. 北京：中国农业出版社 .

杨如兴，2022. 图解茶树高效栽培与病虫害防治 ［M］. 北京：中国农业出版社 .

杨秀芳，2021. 茶叶标准"十三五"进展及"十四五"发展方向 ［J］. 中国茶叶，43（10）：41 - 45，71.

张方舟，黄震标，2019. 花果香型红茶加工技术 ［J］. 中国茶叶，41（2）：32 - 34.

彩图 1　福黄 1 号

彩图 2　福黄 2 号

彩图 3　茶树台刈

彩图 4　茶树重修剪

彩图 5　幼龄茶园套种大豆

彩图 6　茶园耕作

彩图 7 茶园铺草

彩图 8 茶树轻修剪

彩图 9 茶树深修剪

彩图 10 茶叶机采

彩图 11 热旱害受灾茶园

彩图 12 茶园施基肥

彩图 13 茶园追肥

彩图 14 茶园行间套种油菜

彩图 15　茶园梯壁种植黄花萱草

清香型　　　浓香型

彩图 16　闽南乌龙茶

彩图 17　东方美人茶

彩图 18　漳平水仙茶

彩图 19　茶饼病

彩图 20　茶炭疽病

彩图 21　茶轮斑病

彩图 22　茶煤病

彩图 23　茶小绿叶蝉为害状

彩图 24　茶尺蠖及为害状

彩图 25　茶毛虫及为害状

彩图 26　茶细蛾为害状

彩图 27　茶蚜及为害状

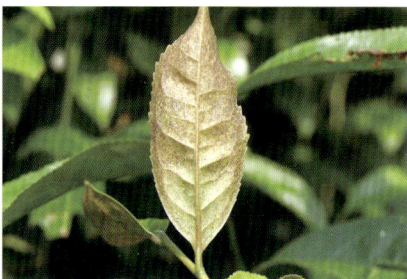

彩图 28　茶橙瘿螨为害状